科技冬奥专项资助项目
项目名称：《基于生物力学研究的订制化速滑冰刀鞋研发与应用》
项目编号：20477602D

冰刀鞋设计

BINGDAOXIE SHEJI

王占星　马英华　辛东升　著

中国纺织出版社有限公司

内 容 提 要

本书从冰刀鞋的发展历史、速度滑冰的生物力学、冰刀鞋功能设计、冰刀鞋测试等方面详细阐述了冰刀鞋的技术特点。本书不仅介绍了冰刀鞋的生物力学要求，还使用大量篇幅详细介绍了冰刀鞋的设计制作方法，适应不同背景读者的需求。本书前半部分偏重于理论的介绍，能够满足一些科研工作者的基础研究需求；后半部分偏重于实践操作的介绍，能够满足冰刀鞋从业人员的技术制作需求。本书语言通俗易懂，一些基础理论也可以供广大速滑教练员制订训练计划参考。同时，一些速滑爱好者通过研读此书也能对自己的动作技术有一个全面了解。

图书在版编目（CIP）数据

冰刀鞋设计 / 王占星，马英华，辛东升著 . -- 北京：中国纺织出版社有限公司，2024.3

ISBN 978-7-5229-1334-6

Ⅰ. ①冰… Ⅱ. ①王… ②马… ③辛… Ⅲ. ①鞋–设计 Ⅳ. ① TS943.2

中国国家版本馆 CIP 数据核字（2024）第 026270 号

责任编辑：宗 静　　特约编辑：朱静波
责任校对：高 涵　　责任印制：王艳丽

中国纺织出版社有限公司出版发行
地址：北京市朝阳区百子湾东里 A407 号楼　邮政编码：100124
销售电话：010—67004422　传真：010—87155801
http: //www.c-textilep. com
中国纺织出版社天猫旗舰店
官方微博 http: //weibo.com/2119887771
三河市宏盛印务有限公司印刷　各地新华书店经销
2024 年 3 月第 1 版第 1 次印刷
开本：710 × 1000　1/16　印张：13.5
字数：208 千字　定价：88.00 元

编委会

主　编　王占星　马英华

编　委　辛东升　陈　上　王亚洲

编者简介

王占星　教授级高工，中国皮革和制鞋工业研究院有限公司

马英华　教授，河北科技工程职业技术大学

辛东升　教授，河北科技工程职业技术大学

陈　上　讲师，河北科技工程职业技术大学

王亚洲　副教授，泉州轻工职业学院

前言 PREFACE

冰刀鞋发展历史悠久，自古以来它就是人们喜闻乐见的一种交通或娱乐工具。到了近代它逐渐变成了一种特定的体育竞技项目。2022年第24届冬季奥运会在北京成功举办，我国体育健儿在速滑项目中取得了3金1银1铜的优异成绩，达到了历史最好状态。全国对于冰上运动的热潮也达到了历史新高。冰刀鞋制造技术近代以来都以北欧国家推动前进，我国在此方面研究很少。在比较小众的专业运动设备制造领域，我国的企业研发能力严重滞后，这也影响了我国冰刀鞋产业的发展。冰刀鞋制造技术涉及许多方面，它看起来虽然很小，但是其技术要求却非常高。以刀体材料为例，我国至今没有攻破冰刀粉末合金钢的低温液氮处理技术，这也导致我国冰刀鞋一直停留在低端价位水平。冰刀鞋制造技术是一个国家整体工业水平的反映，它与航空发动机技术一样被誉为“工业之花”，或者“皇冠上的宝石”。两者一个是克服1900℃的超高温材料性能，一个是克服零下5~10℃的低温材料性能。这对于普通金属材料是不可能完成的任务，即使是名扬天下的大马士革刀在遇到零度以下环境时其性能也立刻下降，可见冰刀材料研发的难度之大。除此以外，生物力学在冰刀鞋上的应用也越来越多，

防损伤性、能量回归、适脚性的改进都离不开科技手段的进步。我国冰刀鞋研发还有很长的道路要走。

我国关于冰刀鞋方面的书籍很少。书中作者均为我国鞋类领域的中青年专家，有的偏重于生物力学，有的偏重于材料研究，也有的涉及造型研究。其中，第一章、第二章、第四章、第七章由王占星撰写，第三章、第九章由马英华撰写，第五章由陈上撰写，第六章由辛东升撰写，第八章由王占星和辛东升共同撰写，第十章由王亚洲撰写，全书由马英华统稿。由于编写经验不足，书中疏漏之处在所难免，还请专家及同行提出宝贵意见以期改进。在本书编写过程中，国家冰雪科研训练基地、吉林省冬季冰上训练基地、首都体育学院等单位和专家教练均提供了许多支持和建议，在此一并表示感谢！

王占星

2023年4月于北京

第一章　冰刀鞋和速度滑冰运动发展史简介

第一节　国外冰刀鞋发展史　002
第二节　中国古代冰刀鞋发展史　005
第三节　世界近现代竞技滑冰运动的产生与发展　008
第四节　我国近现代竞技滑冰运动的产生与发展　010

第二章　速度滑冰的生物力学原理

第一节　速度滑冰的技术特点　024
第二节　速滑技术的基础生物力学分析　031
第三节　弯道滑跑的生物力学分析　045
第四节　直道滑跑的生物力学分析　047
第五节　直道滑跑的技术分析　049
第六节　弯道滑跑的技术分析　056
第七节　速滑运动中起跑、疾跑与终点冲刺阶段的生物力学分析　063
第八节　各项目途中滑跑技术的特点　067

第三章　冰刀鞋的材料

第一节　冰刀鞋的鞋帮材料　080
第二节　冰刀鞋的鞋底材料　088

第四章　冰刀鞋防损伤性及能量回归设计

第一节　冰刀鞋的防损伤及能量回归设计要求　104

第二节 冰刀鞋防损伤及能量回归设计说明 106

第五章 冰刀鞋的帮面造型设计

第一节 冰刀鞋的帮面形态造型元素设计 112
第二节 冰刀鞋的帮面色彩造型元素设计 120
第三节 冰刀鞋的帮面图案造型元素设计 124

第六章 冰刀鞋的结构设计

第一节 冰刀鞋的结构介绍 128
第二节 冰刀鞋的结构设计方法简介 129
第三节 冰刀鞋的结构设计举例 130

第七章 冰刀鞋的底部件设计

第一节 冰刀鞋鞋垫设计 142
第二节 冰刀鞋的刀桥设计 147

第八章 冰刀鞋的功能与适脚性测试

第一节 冰刀鞋的适脚性测试 156
第二节 冰刀鞋的能量回归测试 161
第三节 冰刀鞋对运动姿态的影响测试 170

第九章 冰刀鞋的热湿性能和卫生性能

第一节 脚—鞋—环境的关系 178
第二节 冰刀鞋热湿性能和卫生性能的表征 181
第三节 冰刀鞋热湿性能和卫生性能的影响因素 188

第十章 冰刀鞋的保养和维护

第一节 冰刀鞋的选择、冰刀的安装和安全滑冰 202
第二节 冰刀鞋的维护和冰刀的磨法 205

第一章

冰刀鞋和速度滑冰运动发展史简介

冰刀鞋的出现与地理气候相关。历史上，最早的冰刀鞋出现在靠近北极的高纬度地区，尤其集中在斯堪的纳维亚半岛的北欧国家。这些国家冬季漫长，路面常年被冰雪覆盖，当时人们出行还没有现代交通工具，于是雪橇和冰鞋便成了最主要的出行工具。最早的冰鞋都是由天然材料制成，其中动物骨骼是其主要来源，因为骨骼具有其他材料不可比拟的优势。16世纪以后，北美的加拿大、美国以及亚洲的中国、日本和朝鲜的滑冰运动在民间相继开展起来。后来，镶铁的冰刀鞋经过改进，出现了全钢的冰刀鞋和合金冰刀鞋，这使冰鞋的舒适性和功能性进一步提升。到了19世纪末，随着滑冰作为一项运动赛事兴起，速滑成绩不断被刷新，冰刀鞋开始向专业化方向发展。20世纪末，生物力学技术融入冰刀鞋设计，克莱普（Klap）冰刀鞋的出现将大道滑冰的成绩又向前推进了一大步。

第一节　国外冰刀鞋发展史

在国外，滑冰运动主要起源于北半球高寒地区。这些地区的冬季十分漫长，人们出行、打猎均借助雪橇或雪鞋。生活在北极的因纽特人、西伯利亚的涅涅茨人、通古斯人以及北美的印第安人很早就开始使用雪板和雪橇出行。但是在一些河流湖泊地带，雪橇就不如冰鞋活动便捷，所以冰鞋逐渐流行了起来。再后来，土著居民将狩猎吃剩的兽骨尝试安装在鞋底，结果发现骨底冰鞋比木底冰鞋摩擦系数更小，滑行时更为省力。于是在北半球高寒地区的人群普遍将兽骨镶嵌在了冰鞋上。当时各个民族使用的兽骨不同，因纽特人使用驯鹿和麋鹿的骨骼较多；而涅涅茨人和通古斯人使用马鹿、野猪的骨骼较多，印第安人则大多使用野牛、黑熊的骨骼[1]。这些记载最早出现在瑞典、芬兰等一些古文献中，虽然古代没有专门研究冰鞋的文献资料，但是从古代人狩猎的历史记载中基本可以推测其大致时间。芬兰北部出土了人类最早发现的骨底冰鞋实物。经碳14年代测定，它大约制作于公元前200年，距今已经有2200年以上的历史[1]。荷兰位于挪威以南，冰雪运动也由来已久。大约在公元11世纪（1000年）之前，荷兰人已普遍使用一种叫Glissen的冰鞋日常出行。1971年，一双马腿骨制作的冰鞋在荷兰的西兰省出土，该鞋经格罗宁根大学同位素研究中心测定时间在1030～1185年[1]

（图1-1）。

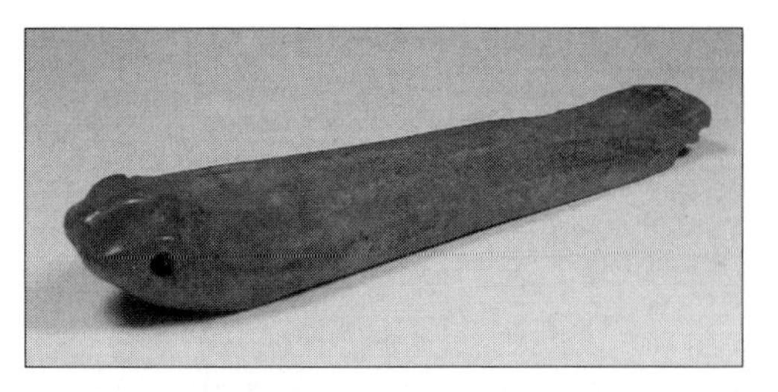

图1-1 骨制冰鞋（1030～1185年）（图片来源：荷兰驻华使馆网站）

随着冰鞋的普及，人们对冰鞋的使用寿命开始有所要求，大约在公元1200年，铁底冰鞋在芬兰以及荷兰等地开始出现。现存最早的镶铁冰刀鞋收藏于阿姆斯特丹荷兰国家历史博物馆，该冰刀制作于1225年，其外形与当今的冰刀十分类似，鞋的前后端金属均翘起，造型优美[1]（图1-2）。

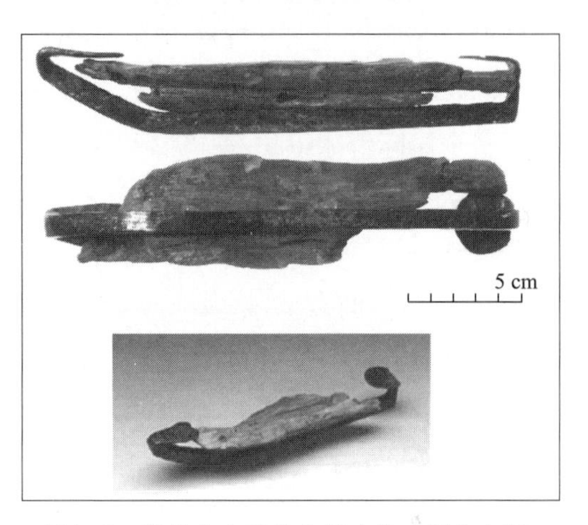

图1-2 荷兰出土镶铁木质冰鞋（图片来源：荷兰驻华使馆网站）

该冰刀铁质刀刃的宽度约15mm，可以推测出其滑行时还是依靠木杖来助力。大约在1572年，在北美出现了刀刃只有3mm左右的开刃冰刀，该冰刀在前后两端开有不同内外刀刃，使滑冰者的速度得到提升，滑冰者此时不再需要木棍的助力[2]。这种底部带有铜或铁质金属的木质冰鞋从13世纪一直使用到19世纪早期。这段时期的冰刀鞋在许多书籍和绘画作品中都可以看到。1648年，荷兰人盖马赫出版的《英—荷词典》中正式出现了“冰刀”一词。

值得一提的是，荷兰对冰鞋的发展在历史上有过特殊贡献。大约在1572年，荷兰舰队与西班牙无敌舰队遭遇，寒冷的天气将双方的战舰冻结在海面上无法航行。此时，荷兰海军将滑冰能手组成特种突击队，在冰面上发动突袭，将西班牙舰队击败。从此，荷兰成为世界海上霸主。

16世纪以来，荷兰凭借“海上马车夫”的身份在全球推广商品。他们在倾销商品的同时冰刀鞋也随之得到普及，当时荷兰的“弗里斯兰冰刀”（Friesland skate）全球领先。该鞋前尖翘起，整双鞋轻巧灵活，不仅可以速滑，还可以做花样滑冰表演。此时的荷兰，除了滑冰用到冰鞋，在冰球、冰陀螺等运动中也普遍使用木质镶铁冰鞋。

在1720年，俄罗斯图拉兵工厂的特级技师开始制作钢制冰刀，这些能工巧匠制作的冰刀只是供自己和家人使用，并未进行商业化生产。1850年美国费城出现了全金属的钢制冰刀[1]。从此，木质鞋底退出历史舞台，滑冰运动在全世界得到迅速发展，竞技滑冰也开始走上历史舞台。

从18世纪开始，一些俱乐部性质的滑冰组织纷纷出现，这些组织分布于英国爱丁堡（1742年）、荷兰莱凡顿（1805年）、挪威奥斯陆（1826年）、加拿大卡尔加里（1839年）、俄罗斯圣彼得堡（1864年）。世界第一个滑冰协会于1840年在荷兰多库姆成立，1882年荷兰皇家滑冰协会KNSB（Koninklijke Nederlandsche Schaatsenrijders Bond）在阿姆斯特丹成立。十年后（1892年），世界上第一个国际滑冰组织——国际滑冰联盟（ISU）在荷兰海牙的斯海弗宁恩成立[1]。如今位于瑞士达沃斯的国际滑联总部是全球冰雪运动的最高机构。国际滑联大会每两年举行一次会议，会议对于冰刀鞋及其装备会进行讨论并颁布新的竞赛规则。1883年，俄罗斯天才速滑运动员亚・恩・班[1]申发明了管式冰刀（图1-3），这在世界速滑史上是一件具有里程碑意义的事件。他比挪威人阿・鲍尔森和哈根发明的管式冰刀（1902年）早了将近20年，尽管现在速滑界都将哈根列为管式冰刀（又称挪威式）的鼻祖，但是俄罗斯人在该领域并不落后。管式冰刀的出现奠定了现代冰刀鞋的基本形态。100多年来，除了刀体材料的改进外，外形基本没有发生太大变化。刀刃长度基本固定在40～46cm之间，刀体厚度为1.4±0.1mm，洛氏硬度为56～62HRC。

进入20世纪，冰刀式样根据运动项目和用途的不同也分成了三类，分别是跑刀、球刀和花样刀。跑刀是最早出现也是应用最广的冰刀，也称为速滑冰刀。球刀是冰球运动的专用刀。花样刀是专门用于花样滑冰比赛的专用刀。

上述三者的样式与功能有很大区别。跑刀又分为短道速滑刀和大道速滑刀（速度滑冰）。短道速滑冰刀的前后两端和鞋底有两个固定点，这两个固定点形成的直线与鞋底中轴线夹角可以调节，角度一般不超过15°，调节后前后固定点必须将螺丝上死。为了防止比赛时划伤运动员，刀刃的前端必须是圆弧状封闭结构，不许有锐角存在。此外，刀刃接触地面部

图1-3 管式冰刀

分不是直线型，而是有一定微微凸起的弧度。刀桩的高度也较高，这是为了运动灵活。而大道冰刀鞋的底面弧度必须是直线，这是为了保证滑行时的平稳，此外，大道冰刀鞋刀桥与鞋身的固定点只有一个（前端固定），后端是非固定的脱位结构。这可以使运动员滑行时膝关节蹬伸角度增大，节省运动能量。大道冰刀鞋也叫克莱普（KLAP）冰刀鞋，早在1880年就有人尝试过这种脱位冰刀鞋设计，不过直到20世纪80年代，荷兰生物机械师格里特－简－范·因根·斯克瑙（Gerrit Jan van Ingen Schenau）才将其成功应用到速滑比赛中，并屡破世界纪录[1]。1979年格里特在阿姆斯特丹自由大学读博士期间的研究方向为克莱普冰刀鞋，其毕业后经过不断改进，最终达到了其设计目的。

冰球专用冰刀是冰球比赛专用的冰刀，它分为守门员冰刀和球员冰刀，该类冰刀最大特点是刀刃宽厚、刀体抗扭转强度较大，其厚度一般在2.8±0.1mm，并且其刀体弧度较大。

花样冰刀是专门为了表演而使用的冰刀，其最大特点是刀刃较短，在刀体的前端有锯齿状设计。该类冰刀也是所有冰刀中厚度最大的品种。一般刀刃的厚度为3.5mm左右，而比赛用刀可以达到3.8mm。花样冰刀也分为自由式冰刀、规定动作冰刀和舞蹈专用冰刀三种，三者之间的区别不大。

第二节　中国古代冰刀鞋发展史

我国古代冰雪运动起源较早，在新疆的阿勒泰岩画上就出现了滑雪场景。2015年，国际考古学家经过实地考证，共同发布了《阿勒泰宣言》，一致认为中国阿勒泰是世界上最古老的滑雪发源地[2]。我国有正式文献记载的冰上运动是在隋朝。《隋书》中曾经记载北方地区的人们冬季在冰上有“骑木而行”的风俗。这里骑木即是溜冰，当时所用工具有木马和木滑板，人们借助木棍支撑而行。到了唐代，人们滑冰的规模逐渐扩大，《新唐书》记载在京城长安人们“乘木马驰冰上，以板藉足，屈木支腋”，滑冰已经成为大众风俗。同时期，我国东北的鄂伦春族等少数民族已经开始用专门的“竹马”来当作交通工具使用。这种竹马不仅用来滑冰，而且在大雪封山时还用来滑雪。分布于大兴安岭的室韦人因为“地多积雪，惧陷坑阱，骑木而行”[3]。他们大多在冰鞋内填充乌拉草用以保暖，鞋底固定木板用以滑雪。遇到冰封的河流时，他们将鞋带收紧直接从冰面上滑过。

到了宋代，随着经济的发展，人们生活富裕，滑冰作为一种娱乐项目正式成为宫廷和民间喜闻乐见的运动。宋代称滑冰为“冰嬉”。《宋史·礼志》[4]称：“幸后苑观花、作冰嬉。”此时的滑冰已经脱离滑雪，独立成为一种娱乐活动。当时的冰鞋还是以木底为主，鞋帮为棉麻织物构成。但是，在当时的蒙古族部落已经出现了马骨和牛骨制成的鞋底。这一记载出自法国传教士鲁布鲁克－威廉（William of Rubruk）的《鲁布鲁克东行记》一书[4]。鲁布鲁克当时奉法兰西国王路易九世的旨意访问蒙古，并受到了蒙古大汗蒙哥汗的接待。鲁布鲁克书中描述在牧羊者脚底绑着光滑的骨头可以在冻实的冰雪上飞速前行。近年来，在内蒙古自治区曾陆续考古发现该类的兽骨。

进入元代，作为北方游牧民族的蒙古人将滑冰风俗带入了中原。这一时期，在黄河以北地区，滑冰已经成为人们冬季出行的一种方式。元代人的骑木，即是滑雪、滑冰。当时，人们还利用冰面摩擦力小的特点在河道上进行运输[4]。

到了明代，滑冰运动开始大发展，滑冰在官方、民间也大力普及起来。《明宫史》记载:“阳德门外，冬至冰冻，可拉拖床，以木作平板，上加床或藁荐（草垫子），一人在前引绳，可拉二三人，行冰上如飞。”“明世宗嘉靖三年（公元1524年）正月十六，皇太子自宫中往见，即绝河冰坐拖床而过。”[4]

明代朱棣定都北京后，北京什刹海成为民间滑冰爱好者的舞台，这一传统持续至今。此时的冰上运动除了滑冰还有冰蹴球、冰床、冰上蹴鞠等。此外，在东北的建州女真，滑冰更是成为冬季必备项目。根据相关文献记载，1625年（明熹宗天启五年）努尔哈赤在盛京（今沈阳）举行了我国古代第一届冰上运动会，当时的比赛项目有冰球、花样滑冰、速滑、冰上射箭、冰上武术等[4]。翻阅古代文献，这是中国有文字记载的第一次冰上运动会。随着清军入关，滑冰也在内地得到进一步普及。该时期的滑冰已经正式作为一种政府行为由官方来大规模组织和培训。也就是在这一时期，鞋底镶铁的冰鞋正式出现（图1-4），并且冰鞋

图1-4 清代镶铁冰鞋

的结构也开始创新，不仅出现了木质镶铁的单刃冰刀，还出现了双刃冰刀。根据乾隆时期《冰嬉图》所绘场景[4]，清代的滑冰已经有了细分：速度滑冰、花样滑冰、冰上足球、冰上抛球、冰上射天球、打雪挞及冰上摔跤等。此时的北海公园正式成为皇家御用冰场，这一状况一直持续到清末（图1–5），普通百姓当时不允许入内滑冰。鉴于我国古代冰鞋用途有限（娱乐表演为主），我国冰鞋始终未进化到钢制冰刀阶段。

图1–5 冰嬉图

西方管式钢制冰刀鞋的引进是在1840年鸦片战争以后。我国在近现代冰刀鞋的研发上一直落后于西方，这与我国冰上运动地域气候限制有关。在长城以南，冬季的气温普遍较高，天然冰存在的时间一般不超过一个月，这极大地影响了滑冰运动的展开。我国的体育科研机构和体育用品制造企业一般都分布于关内地区，这导致冰刀鞋研发技术没有跟上世界水平。而与我们相邻的日本和韩国在冰刀鞋的研发上比我们先进一些。日本的钢材质量较好，其中爱知钢公司的AUS10高碳钢可以做到洛氏硬度65HRC，并且韧性非常好，世界许多高端冰刀鞋品牌的冰刀都使用其产品。韩国虽然冰刀的钢材一般，但是其冰刀鞋制造技术可以实现高端个体定制，其防损伤性非常出色。韩国SD冰刀鞋一直为世界高水

平运动员提供量脚定制技术，其热塑碳纤维帮面的舒适性冰刀鞋在世界冰刀鞋排名中能进入前三。

我国冰刀鞋制造技术在20世纪50年代曾经有过一段短暂辉煌，黑龙牌冰刀鞋曾经凭借过硬的质量出口荷兰、瑞典、芬兰、加拿大、美国等全球20多个国家，但是在顶级（竞赛级）冰刀鞋领域始终没有中国冰刀的身影。我国高端冰刀鞋品牌现在使用的冰刀仍然是德国、瑞典、奥地利等国进口刀体，其中瑞典特种钢全球巨头山特维克（Sandvik）公司的系列冰刀钢一直占据着行业第一的位置。在粉末合金钢领域奥地利伯乐（Bohler）公司生产的速滑冰刀钢则是许多著名品牌的选择。改革开放后，我国南方沿海冰刀鞋企业成长迅速，但是技术含量一直不高。2022年第24届冬奥会成功在我国北京和张家口举办，我国速滑健儿勇夺3块金牌，创造了举世瞩目的成绩。但是，其冰刀使用的是国外品牌，希望我国健儿能够早日穿上我们自主研发的冰刀鞋（含冰刀）在国际赛场上再次摘金夺银、为国争光。

第三节　世界近现代竞技滑冰运动的产生与发展

19世纪中期，欧美钢铁冰刀的出现和溜冰场的建造促进了冰上运动的发展，冰上爱好者更加频繁地参加长距离速滑比赛。例如，斯堪的纳维亚半岛的运动员举行过8～12英里的速滑赛，其胜利者可以得到武器、装饰品、马匹等作为奖品[1]。

类似的速滑赛是在荷兰的一些居民区优秀选手中进行的。英国东部地区从17世纪60年代到19世纪60年代冰上运动也是群众性的，在18世纪，那里几乎每一个村庄都进行自己的速滑比赛。后来这种形式的比赛也开始在荷兰举行[1]。19世纪初，冰上运动在英国和荷兰得到了极大的发展。这些国家的冰上运动组织奠定了冰上运动的进一步发展。1805年在弗里西亚（Friisk）举行的各场比赛都具有重要意义，由他们自己组织的这些比赛是现代速滑比赛的雏形。当时还进行了女子1500米比赛。男子的比赛是在瓦尔肯堡（Valkenburg，1814年）、沃特福德（Watford，1823年）、多克姆（Dokkum，1840年）举行，并具有业余爱好性质。1814年、1818年、1820年、1821年、1823年、1826年在英国举办过类似比赛。19世纪30年代初出现了冰上运动的新组织形式。1830年在伦敦和格拉斯哥（英国）成立了冰上俱乐部。运动员的训练是在跑道上进行，该跑道是直线距离804.5米的区段。

挪威（1866年）、俄罗斯（1864年）、法国（1865年）、奥地利（1867年）、德国（1868年）、匈牙利（1869年）和其他国家先后组织起了冰上俱乐部和小组。1879年英国成立了世界上第一个国家滑冰团体，同年12月8日在托尔基举行了第一次英国速滑冠军赛。

俱乐部与联合会成立后，某些国家还建起了专门的跑道，以寻求更加合理的比赛距离。19世纪以来冰上运动又分花样和速滑。此时参加花样和速滑比赛的往往是同一运动员。

19世纪70年代开始举办国际比赛。最初的一些比赛于1872年1月在维也纳举行。这些比赛是在长度为331.6米椭圆形跑道上进行的。比赛的名次由在该距离赛道上反复多次滑跑的平均时间来决定。速滑比赛往往是在两个最强选手之间进行。1885年挪威俱乐部，赛依节俱乐部举行了荷兰选手王拉尔节野和挪威选手A.巴乌里新之间的世界最强速滑选手名誉争夺赛。比赛计划中规定四个距离：0.5英里、1英里、2英里和3英里。A.巴乌里新在最终获胜[1]。

从1889年起阿姆斯特丹冰上俱乐部举行了4次世界锦标赛，当时全球的最强选手们参加了比赛。比赛分为0.5英里、1英里和3英里三个距离，要想成为世界冠军，必须在所有距离比赛中获胜。直到1893年世界冠军赛都是非正式的，几乎没有一个统一的国际滑冰组织。1889年俄国滑冰选手A.H.潘索得了两个距离上的第一名（0.5英里：1分24.6秒，1英里：12分58.6秒）。美国选手德・多诺鸠获2英里第一名（6分24秒）。1891年德・多诺鸠赢得了所有距离（0.5英里：1分25.4秒，1英里：3分4秒，2英里：16分10.8秒），获得了世界冠军称号。

1892年英国国家滑联和荷兰滑联在荷兰席凡宁根（Scheveningen）举行了国际速滑会议，出席这次大会的有荷兰、英国、西德、奥地利、匈牙利和瑞士的冰上俱乐部与滑联代表。挪威、美国和俄国也为创立国际滑联向大会寄去自己的书面赞成意见，大会讨论了各种问题。这些问题涉及世界纪录的承认，跑道的长度、样式、爱好者规章、世界及欧洲冠军赛规则以及比赛距离的统一等多方面[1]，为日后规范比赛确定了基本规则。

自1893年起国际滑联开始定期举行欧洲和世界男子冠军赛。第一个冠军是荷兰选手尺·艾金。他在四个距离中获得三个距离的胜利。1895年和1896年他又两次成为世界冠军。1897年世界冠军赛在蒙特利尔举行。比赛参加者首次在同一条起跑线上。加拿大选手坡·艾斯特伦德在该次冠军赛上取胜，并创造了八项世界纪录。1900年是挪威选手艾·恩格里苏取胜。按国际滑联规定，冠军称号的授予四个距离中三项距离获胜者。因此，1894年、1902年、1903年、1907年的世界冠军称号没有一位运动员获得。1908年、1909年、1912年、1913年和1914年当时著名选手挪威的奥·玛及必获得了这一称号。许多项世界男子纪录很长时间由他保持着。国际滑联从1890年才开始记载速滑时间。女子世界纪录由1929年开始记载，第一次女子世界冠军赛是在1936年记载的。小全能纪录是从1956年开始正式记载的。从1949年到1955年仅记载了女子大全能纪录。速滑统一规则由国际滑联制定，并于1895年在哥本哈根国际滑联大会上确认。决定世界冠军的程序在整个冰上运动史中曾多次修改。1909~1915年，国际滑联规定只有能赢得一个或两个距离并取得全能最高分数的人才能成为世界冠军。1915~1925年，则按照全能最高分数来决定冠军。1926~1927年，冠军是赢得四个距离的最高百分比分数并创造纪录者获得。从1928年开始，胜利者又重新按照全能比赛的最高分数来决定[1]。

第四节　我国近现代竞技滑冰运动的产生与发展

滑冰运动在我国虽然有着悠久的历史，但是中华人民共和国成立前冰上运动的基础十分薄弱。现代速度滑冰兴起于19世纪末的天津。《津门杂记》记载：“有所谓跑凌鞋者，履下包以滑铁，游行冰上为戏，两足如飞，缓急自然，纵横如意，不致倾跌，寓津洋人乘乐为之，借以舒畅气血。”1890年，天津英租界工部局在城南紫竹林划地5200平方米，修建了一座游戏场，内设网球、足球、棒球等场地，冬季浇冰，并于1895年成立了天津滑冰会。1908年1月3日，由南满铁道株式会社大连事务所发起，在大连北公园成立了大连冰滑俱乐部[4]。现代速度滑冰由此在我国华北、东北地区开展起来，并形成了两个独立发展的分支。

1921年民国时期北洋政府推行学校教育改革，下令学校体育改革，内容为废除兵操，代之以田径、球类、体操和滑冰。此举推动了华北冰上运动的开展。1932年，为推动华北冰上运动发展，华北体育协会遵循“武术、田径、球类、游泳、滑冰并重”的指导思想，决定在适当时机举行一次冰上表演会。

在抗日战争时期的延安，在中国共产党领导下的广大解放区军民利用冬季延河结冰的自然条件，开展群众性滑冰活动，并在1942年2月7日举行了首届延安滑冰运动会。虽然当时延安的条件较为简陋，但是广大军民克服了众多困难依然将比赛举办得如火如荼。当时比赛项目只设立了速度滑冰和花样滑冰。速滑项目为男女200米，花样滑冰项目为男女化妆滑冰表演。

1949年中华人民共和国成立后，我国滑冰运动得到蓬勃发展。在“发展体育运动，增强人民体质”的方针指导下，群众性冰上运动十分频繁，特别是速度滑冰更为普及。每到冬季，东北、华北和西北有条件地区，都把滑冰作为大、中、小学冬季体育教学的主要内容，各地先后举办了不同规模的冰上运动会，推动冰上运动广泛开展，为召开第一届全国冰上运动会创造了条件。东北的黑龙江、吉林和辽宁是开展冰上运动的重点省份，这里有多所设备齐全的现代化滑冰馆和滑冰场，有近30个培养冰上运动人才的专项运动队伍以及培养冰雪专业人才的3所体育学院、3所冰上运动专业学校和近百所业余体校，并有十多个高校开设冰雪运动专项体育系。还设有从事冰上运动的专门研究机构和冰雪专业刊物。

1953年哈尔滨市举行了第一届全国冰上运动会[5]，包括冰球、花样滑冰和速度滑冰三项，有解放军、东北、华北、西北、内蒙古和火车头体育协会六个单位参加，包括汉族、满族、回族、朝鲜族、维吾尔族、哈萨克族等不同民族的219名运动员参与。仅速滑一项就有各族运动员18名，这在我国滑冰史上是开天辟地的第一次，它不仅诞生了我国第一批速滑全国纪录创造者，也极大地推动了我国冰上运动迅速广泛地开展。此后1953年在沈阳成立竞技指导科，当时有李在雄、刘忠千、李昌等共13人。

1954年没有举行全国性比赛，但各地冰上活动非常活跃。男子速滑世界锦标赛2月6～7日在瑞典的厄斯特松德举行，我国派选手参加；1月30～31日参加了中、捷、苏速滑友谊赛。12月7～8日在国内举行速滑测验赛；2月14～15日举行了四城市对抗赛（均在哈尔滨市举行）这一年度有17人99人次打破10项全

国速滑纪录。

1958年1月，在哈尔滨举行了全国二十城市职工冰上竞赛大会。1月26～31日在吉林举行了全国学生冰上运动会。2月14～17日在吉林市举行了全国职工、学生速滑、花样对抗赛。当年2月中国男、女速滑队第二次参加世界速滑锦标赛。女子比赛在瑞典克里斯蒂安斯（Kristians）举行，我国年轻选手杨云香获全能第十五名，进入了国际先进水平的行列。男子比赛在芬兰首都赫尔辛基举行，也有起色和进步[5]。锦标赛后男、女速滑队参加了芬兰、瑞典的友好访问比赛，还参加了朝保罗哈四国友谊赛、苏联莫斯科选拔赛。

1958年2月14～17日在齐齐哈尔市举行了优秀速滑运动员比赛，当时年仅17岁的王金玉显露锋芒，战胜所有选手获得男子1500米、5900米、10000米和全能冠军，是我国第一位获得速滑运动健将称号的运动员。女子冠军被孙洪霞获得，也获得运动健将称号。

1959年我国冰上运动更加活跃。1月1～4日在九个地区同时举行通信比赛。1月18～21日在吉林市举行全国十单位速滑对抗赛。2月10～20日在哈尔滨市召开了第一届全国冬季运动会[6]。除冰上三项外还有滑雪比赛，有黑龙江、吉林、辽宁、内蒙古、北京、河北、新疆、宁夏、青海、山西、陕西等共12个省市自治区346名各民族运动员参加。苏联国内的速滑队也在会上与黑龙江运动员进行了友谊比赛[5]。

世界速滑锦标赛前夕，中国速滑队先到苏联参加了传统的国际速滑友谊赛，在女子比赛中，我选手孙洪霞首先传来捷报：获得1500米第六名，300米第五名，1000米全能第九名。接着男运动员王金玉在5000米比赛中战胜当时该项世界纪录创造者苏联运动员希尔科夫，获得5000米冠军[5]，在10000米比赛中获第四名，最后取得全能亚军的好成绩，引起世界冰坛的注目。在此次大会上，我国获得男女团体第二名；女子团体第三名、男子团体第二名。

1959年2月14～15日，世界男子速滑锦标赛在挪威奥斯陆举行，在500米比赛中，杨菊成和苏联的沃罗宁同时以42秒4到达终点名列500米单项第二名，引起很大震动。在5000米比赛中，王金玉敢向当时的世界冠军——挪威的约翰尼森挑战，从而进入5000米第十二名，他的勇敢精神受到挪威观众的赞赏和好评。接着他在10000米的比赛中战胜了荷兰著名的冰坛老将布列克曼获得第五名，最后获全能第九名，一举进入世界速滑先进行列。《挪威工人报》说：“中国健儿们在这次锦标赛中确实使人异常惊讶！”《奥斯陆日报》也写道：“让我们借用一版，谈谈中国的奇迹。我们从去年的世界冠军赛谈起，那时几乎没有注意到中华人民共和国有人参加。但是12个月后，他们带来的运动员，竟使得奥斯陆的观众不得不以赞叹的心情而欢呼……”国际滑联副主席拉夫特曼先生不止一次地赞扬我国滑冰水平的提高，并打趣道：“中国滑冰技术的提高，是使用了东风的力量。”世界女子速滑锦标赛于当年2月18～29日在苏联的斯维尔德洛夫斯举行。在1000米的比赛中，孙洪霞获第十名，杨云香获十一名，刘凤荣获十五名，芦成玉获第十八名。在1500米的比赛中，孔洪霞获第九名，杨云香获第十二名。在3000米的比赛中，孙洪霞获第八名，杨云香获第十三名。最后孙洪霞获全能第九名，杨云香获全能第十三名。她们还参加了波、德、中、朝、罗、哈六国速滑友谊赛和中、挪、瑞、荷、芬、奥六国速滑友谊赛。当年，在国内还举行了一级健将比赛、哈尔滨十万青年通信赛、黑龙江省选拔赛、吉林市第六届冰上运动会、全国十单位对抗赛等各级比赛。

1960年1月10～13日，在吉林市召开全国冰上运动会。世界男子速滑锦标赛在瑞士的达沃斯冰场举行，我国选手均未进入全能前十六名。同年世界速滑女子锦标赛在瑞典的厄斯特松德举行，孙洪霞获全能第八名。

1961年全国速滑比赛在牡丹江市举行。当年的世界女子速滑锦标赛于2月11～12日在挪威顿斯堡举行，刘凤荣获全能第四名，孙洪霞进入全能第八名。在当年的世界男子锦标赛上，王金玉获全能第八名，并取得500米、1500米两项单项第六名。

1962年，全国速滑、花样锦标赛于1月7～10日在吉林市举行。世界女子速滑锦标赛在芬兰的伊马特拉举行，刘凤荣再次获得全能第四名。世界男子速滑锦标赛在苏联莫斯科举行，王金玉、罗致焕分别获得全能第五、第六名。罗致焕获得500米单项第五名，王金玉获得1500米第三名，使我国的五星红旗第一次在国际冰坛高高升起[7]。王金玉还获得5000米的第六名和10000米的第五名。

1963年，全国速滑锦标赛在牡丹江市举行。这一年是我国速滑运动的黄金时代。这一年的男女世界速滑锦标赛均在日本长野轻井泽举行。王淑媛获1000米亚军，1500米第四、全能第六名。罗致焕获1500米冠军，王金玉获第四名。王金玉、罗致焕分别获得5000米第八名、第十名。王金玉、罗致焕双双打破速滑全能世界纪录，分别获得全都第五名、第十名。王金玉被国际滑联授予“亚

洲最佳运动员”称号。罗致焕获1500米冠军，日本滑联为了纪念这一历史性时刻，他们将罗致焕的名字刻在轻井泽的高山冰场的纪念碑上以做纪念，此碑至今仍在。日本国内称赞说：“这不仅是中国的光荣与骄傲，也是亚洲的光荣和骄傲。”[5, 8-9]

值得一提的是，罗致焕作为我国第一名荣获世界冠军的速滑运动员，2022年2月2日北京冬奥会火炬传递第一棒就是由他来完成，在2月4日的冬奥会开幕式上护旗手入场也由其来担任（图1-6）。

1964年3月8日，全国速滑锦标赛在黑河举行。同年，世界锦标赛女子比赛在瑞典卡尔斯哈姆（Karlshamn）举行。王淑媛获全能第13名。男子世界锦标赛在芬兰的赫尔辛基举行，在500米比赛中，罗致焕、王文生、王金玉分别获得第三、第四、第六名。

1965年全国速滑锦标赛在牡丹江举行。王淑媛、王金玉同时创造当时世界最佳成绩。同年，女子世界速滑锦标赛在芬兰举行，刘凤荣、王淑媛分别获得全能第十一名和第十二名。男子世界速滑锦标赛在挪威举行，王金玉获全能第十一名。

图1-6 罗致焕1963年在日本获得我国速滑历史上第一个世界冠军

1966年全国速滑比赛在吉林市举行。这一年日本速滑队首次访华，并在哈尔滨举行了中日速滑对抗赛[5, 8-11]。这次比赛仅有铃木惠一以微小的优势取得500米第一名，其余各项第一名均为我国选手获得。同年，世界速滑男子锦标赛在瑞典的哥德堡举行，王文生取得500米第三名。在女子比赛中王淑媛获全能第十一名。

1966～1970年，我国速滑队停止了训练，是一段空白。但此时国际上却是一个飞跃发展阶段，国外竞赛成绩大幅度向前发展。到了20世纪70年代我国着手恢复训练时，已经远远落后于国际先进水平。

1970年开始恢复训练到1976年，我国男子5000米提高幅度为22秒，国际定为2秒3；男子全能总分我国为0.24分，国际则为1.2分。这一段成绩提高有限，基本徘徊在1966年前的水平。

1971～1972年，全国冰上集训在牡丹江市举行。1973年全国冰球、速滑比赛在吉林市举行，1974年在牡丹江举行，1975年在通化市举行，1976年全国第三届运动会冬季比赛在哈尔滨市举行。这一时期我国选手也参加过世界速滑锦标赛，成绩均在世界的中下游和下游水平，没有取得好名次，最突出的是赵伟昌同志在1975年世界速滑锦标赛上，获得了500米单项第二名，这也和当时刚刚有短距离全能比赛有关。这一段时间，突破全国纪录是有的，但是不多。陈淑华、朴美姬参加在意大利举行的世界青少年速滑锦标赛取得了较好的名次。

1974年和1976年日本速滑队两次访华，我们的成绩均不及日本队，但是比来华访问的罗马尼亚和加拿大青年速滑队稍强一些。1977年，全国速滑、花样、冰球比赛均在延边朝鲜族自治州延吉市举行，之后吉林、黑龙江、八一等速滑队赴新疆天池，几乎刷新速滑各项全国纪录。

1978年初全国速滑比赛在沈阳举行。同年4月长春人工制冷冰场正式建成使用，国家体委同时在长春举行全国速滑集训、测验赛和全国速滑教练员会议。教练员、科研人员为寻找差距、探索世界速滑先进技术特点与发展趋势废寝忘食，从早上一直讨论研究到深夜。在测验赛上打破了几项全国纪录。同年10月初到11月末在长春举行全国速滑集训和出国选拔赛，选出运动员分别参加世界青少年速滑锦标赛、世界锦标赛并且访问加拿大。1978年日本速滑队再度访华，分别在哈尔滨、长春、吉林比赛，我国选手与日本队成绩接近。

1979年1月全国速滑比赛在新疆乌鲁木齐举行，朴美姬、张苏、艾长安等选手打破一批全国纪录。3月在天池举行的第四届全运会速滑比赛中，除个别项目外，其余纪录均被打破。1979年5月全国速滑教练员会议在北京召开。同年秋季哈尔滨人工制冷冰场建成并投入使用。9月我国首次派速滑出国考察团到挪威，取得了宝贵的训练经验，提高了速滑训练成绩。

1980年冬季速滑队在日本长野县松本市浅间选拔赛和日中友谊赛中张丽、苗敏、孔美玉、王年春、李树斌、马利群分别打破女子1000米、1500米、3000米和男子500米、3000米、500米的全国纪录。

1980年2月，我国首次参加在美国普莱西德湖举行的第13届冬季奥运

会[6, 7, 10]。这是我国首次正式组团参加冬奥会。我国共派出男、女选手共13人参加了500米、1000米、1500米及女子3000米比赛。最好名次是曹桂凤获女子500米第二十一名，王年春获男子500米第二十三名。在花样滑冰和滑雪比赛中，选手均未进入决赛。这次冬奥会参赛经历使我国运动员开阔了眼界，增长了知识，也熟悉了冬奥会竞赛规则。1980年3月在哈尔滨举行全国冠军赛和全国速滑教练员会议，日本速滑队来华并讲学。同年7月在哈尔滨又召开了冬季训练工作会议，制订了训练大纲，为速滑运动的发展提供了理论依据。同时，在哈尔滨举行全国首次科学论文报告会，进行了学术交流。

1981年全国速滑达标赛在通化举行，全国冠军赛在长春举行。这一年日本短道速滑代表团和挪威速滑队访华并在哈尔滨、长春比赛与讲学。1982年全国速滑达标赛在张家口举行；全国短距离速滑比赛在海拉尔举行；全国冠军赛在新疆天池举行；3月20～25日在北京首次举行全国短距离跑道速滑集训比赛。我国青年选手张苏在世界青少年速滑锦标赛上取得了全能第十二名的好成绩。1983年全国第五届冬季运动会预选赛在吉林市举行。同年3月，全国第五届冬季运动会在哈尔滨举行。曹桂凤在1983年世界速滑锦标赛上获短距离全能第十三名、500米第十名。

1984年第14届冬奥会在南斯拉夫萨拉热窝举行，我国男、女选手共12人参加比赛，其中最好名次是女子500米第二十五名。1986年2月，王秀丽获得女子世界速度滑冰锦标赛500米第六名。在1986年2月举行的第一届亚洲冬季运动会上，王秀丽又分别获得1000米金牌和1500米银牌。该时期我国男选手成绩一般。1987年世界速度滑冰锦标赛上，王秀丽先后获500米第五名和1500米第十名，张青获得5000米第十名，这是我国女选手重新参加世界锦标赛以来首次进入大道速滑前十名。1988年，第15届冬奥会在加拿大卡尔加里举行，我国女选手王晓燕获5000米第十六名，张青获3000米第二十一名。男选手最好名次是吕树海，获10000米第二十九名[5]。

从1990年到2010年，我国滑冰运动取得了历史上瞩目的成绩。1990～1994年，我国男、女短道速滑成绩有了大幅度提高。宋臣于1989年以153.695分的成绩创造了短距离全能全国纪录，1993年2月获得世界男子速度滑冰锦标赛500米金牌。刘洪波于1994年2月以36.54秒和1分13.47秒的优异成绩创造了500米和1000米全国纪录，并获第17届冬奥会上述两个项目的第四名。刘洪波于1994年

1月在卡尔加里创造了147.385分的短距离全能全国纪录，将宋臣保持了五年之久的短距离全能纪录提高了6.31分。刘襲飞在1990～1994年间保持了1500米、3000米、5000米的全国纪录，昌树海在1988年创造了10000米14分49.52秒的全国纪录并一直保持到2003年。进入20世纪90年代，王秀丽成绩继续提升，1990年获得1500米世界速度滑冰锦标赛金牌。这是我国有史以来的第一个女子速度滑冰世界冠军[5]。

1991年2月2日，叶乔波从以41.85秒成绩取得500米世界冠军。在此后的3年中，她在世界大赛中共赢得23枚金牌，其中最引人注目的是1992年2月29日以167.260分的成绩为中国赢得第一个世界速度滑冰短距离全能冠军，并在比赛中两次战胜世界短距离名将美国的邦妮·布莱尔夺得1000米世界冠军[8, 11]。在1992年举行的第16届冬奥会上，叶乔波夺得500米（40.51秒）和1000米（1分21.92秒）两枚银牌，与这两块金牌得主邦妮·布莱尔仅差0.18秒和0.02秒。这是我国运动员在冬奥会上获得的首枚奖牌，实现了历史性突破[10, 12]。截至1993年，叶乔波保持了500米39.48秒、1000米1分20.60秒和短距离全能160.025分的全国纪录。

继叶乔波之后，我国选手薛瑞红短距离成绩提高幅度较大。自1991年夺得亚洲杯500米冠军，到1999年共获得世界速度滑冰短距离锦标赛500米冠军1次、世界杯500米冠军10次、亚冬会500米冠军3次。其中1994年1月在加拿大卡尔加里世界速度滑冰短距离锦标赛中，她获得500米第二名、全能第三名，分别以39.22秒和159.080分创造了500米和短距离全能全国纪录，并打破了短距离全能世界纪录，这是中国女子速度滑冰运动员第一次打破世界纪录。在1996～1997年度速度滑冰世界杯6站12场比赛中，她6次夺得500米第一名，并以总积分第一的成绩摘得女子500米年度总冠军。这是继叶乔波之后的第二个世界杯总冠军。

1993年张晶作为国家队中主力参加世锦赛和1994年挪威利勒哈默尔冬奥会，均未取得奖牌。退役后她曾担任吉林短道速滑队教练。2012年，她前往匈牙利执教，将默默无闻的匈牙利队一手带成冬奥会冠军，被授予“匈牙利总统骑士勋章”。在2022年北京冬奥会上，原匈牙利华裔兄弟选手刘少林和刘少昂就是张晶一手培养出来的。

1998年在日本长野举行的第18届冬奥会首次使用新型克莱普冰刀，由于

我国运动员在该次运动会上第一次使用克莱普冰刀，对新冰刀的使用技巧还未适应，影响了成绩的发挥，因此中国速度滑冰选手未能取得奖牌，最好名次是女子500米第十四名，男子选手同样也未取得好成绩。2002年在美国盐湖城举行的第19届冬奥会上，中国选手未能取得奖牌。在500米比赛中，年仅18岁的于凤桐以35.30秒的成绩列在第二十一位，但却创造了男子500米青年世界纪录。在2003～2004赛季获得世界杯100米年度总冠军。随后，他的技术水平日益提高，在2005年世界短距离锦标赛上获得500米金牌。2006年在意大利举行的第20届冬奥会上，我国优秀选手王曼丽、任慧分别获得女子500米银牌和铜牌。

我国长距离优秀运动员高雪峰、宋兴宇、孙龙将曾多次打破全国纪录。高雪峰在2004年速度滑冰世界杯10000米比赛中以13分55.75秒的成绩打破了全国纪录，2005年又以158.386分打破全能全国纪录，2006年加拿大卡尔加里测验赛5000米比赛中以6分26.68秒成绩创造了新的全国纪录，目前，高雪峰是1500米和5000米全国纪录保持者。宋兴宇在2008年速度滑冰世界杯10000米比赛中以13分41.15秒的成绩改写了新的全国纪录。2012年第十二届全运会速度滑冰全能比赛中孙龙将以156.393分的成绩打破了全能全国纪录。

王曼丽是继薛瑞红之后涌现出的又一位优秀女子短距离速度滑冰运动员。她先是2004年在日本长野以38.67秒的成绩获得世界短距离锦标赛500米冠军，接着又夺得2003～2004以及2004～2005赛季500米总积分第一名，成绩分别为990分和880分。2005年在德国因采尔世界单项锦标赛上以77.21秒（38.92秒、38.29秒）获500米第一名。2006年在荷兰海伦芬以38.31秒的成绩获得世界速度滑冰短距离锦标赛500米第一名。2006年第20届冬奥会以76.78秒（38.31秒、38.47秒）获500米银牌。她先后共获得22次500米世界冠军，其中包括世界杯16次、世界杯总决赛2次、世界单项锦标赛2次、世界短距离锦标赛2次，2005年在世界杯赛以37.28秒的成绩创造了新的500米全国纪录。我国优秀女子全能运动员王菲是第十届、第十一届、第十二届全运会全能冠军，曾多次创造了新的全国纪录，目前是1500米、3000米、5000米全能全国纪录保持者[13，14]。

王曼丽之后，我国女子短距离项目相继培养出了王北星、于静等优秀运动员，王北星和于静在2009年世界短距离全能锦标赛上获得了短距离全能冠军和季军。在2010年2月17日温哥华冬奥会速度滑冰女子500米比赛中，王北星以

76.13的成绩获得季军，2009～2010赛季在世界杯比赛中以500米37.02秒成绩获得亚军由此创造了新的全国纪录。

于静在2009年第十一届全国运动会获得速度滑冰短距离全能冠军，2011～2012赛季速度滑冰世界杯女子500米冠军。2012年1月29日，在加拿大卡尔加里举行的世界速度滑冰短距离锦标赛上，于静以148.61分获得了短距离全能冠军，并在500米36.94秒的成绩打破了世界纪录，成为第一个滑进37秒的女选手，并以500米成绩36.94秒，1000米成绩1分13.94秒，短距离全能147.247分的成绩，创造了新的全国纪录。

从2010年到2022年北京冬奥会结束，我国速滑成绩取得了一些瞩目的成果。但是，这些成绩的取得都集中在短道速滑项目上，而大道速滑中国队只得到过一块金牌。2010年，温哥华冬奥会短道速滑王濛获得女子500米和1000米冠军，周洋获得女子1500米冠军。中国队还获得了女子3000米接力冠军。2014年索契冬奥会李坚柔获得了女子500米冠军，周洋获得了女子1500米冠军，范可新获得女子1000米亚军。男子方面，韩天宇获得1500米亚军，武大靖获得500米亚军，同时中国男队还获得了男子5000米接力季军。2018年平昌冬奥会上，李靳宇获得女子短道速滑1500米亚军。武大靖获得短道速滑男子500米冠军[15]，这是中国男选手有史以来冬奥会获得的第一枚金牌，值得庆祝和纪念。此外，在平昌冬奥会上中国队还摘得了男子5000米接力赛银牌。

在大道速滑方面，王北星在2010年温哥华举行的第21届冬奥会上以76.63秒的成绩获得500米铜牌。于静获得2012年加拿大速度滑冰世锦赛女子组冠军[14]。张虹获得2012年加拿大速度滑冰短距离世锦赛女子组季军。张虹获得2014年俄罗斯索契冬奥会速度滑冰女子1000米金牌，这是我国大道速滑取得的第一个冬奥会冠军。2018年平昌冬奥会后，张虹、于静等女子短距离世界顶尖选手纷纷退役，中国女子大道速滑项目出现了青黄不接状况。男子方面，高亭宇在2018年平昌冬奥会上以34秒65的成绩获得速度滑冰男子500米比赛铜牌，成为首位在冬奥会上夺得大道速滑项目奖牌的中国男选手[15]。2021年，高亭宇曾夺得波兰站第一场男子500米冠军和加拿大站第一场男子500米亚军。此外，2021年宁忠岩状态出色，在4站速滑世界杯中共获得3金2银，斩获男子1500米、男子1000米、男子团体追逐三个单项冠军。在2022年2月8日晚结束的北京冬奥会速度滑冰男子1500米比赛中，宁忠岩名列第七。中国队另外两名选手王浩田和廉子文分列第二十和第二十七位。在2月12日结束的男子速度滑冰500米决赛中，高亭宇以34.32秒的成绩荣获金牌，这是我国有史以来我国男子速度滑冰项目上荣获的第一枚金牌（图1-7），具有十分重要的开创性意义。高亭宇也是担任北京冬奥会开闭幕式双旗手的唯一一人。在速滑方面，我国男子选手近些年进展很快，但是女子选手这些年却与国外选手产生了差距。不仅我国选手如此，就连包括韩国和日本在内的整个亚洲女子选手都是如此。面对女子选手青黄不接的现状，需要下大力气尽快改善。

2015年北京联合张家口申办2022年第24届冬奥会成功，举国欢庆。2022年2月5日，在北京冬奥会短道速滑2000米混合团体接力赛中，范可新、曲春雨、武大靖、任子威以2分37秒348的成绩获得冠军，为中国队摘得本届冬奥会的首枚金牌；2月7日男子短道速滑1000米决赛中，任子威、李文龙分别获得冠亚军，为中国队摘得两枚奖牌；2月12日高亭宇获得我国男子速度滑冰（大道速滑）冬奥会历史首枚金牌。北京冬奥会的举办让更多人参与到冰雪运动中来，曾经小众的冰雪运动，如今已融入人们的日常健身生活中，这也是奥林匹克运动的意义所在。筹办冬奥会，确立“带动三亿人参与冰雪运动”宏伟目标，增强人民体质，推动中国冰雪运动的跨越式发展，这一宏伟设想，奏响了建设体育强国的新乐章。短短几年间，全国冰雪场馆由2010年的140所，迅速增加到2022年的645所，冰雪运动突破了地域限制，由山海关以外发展到大江南北。冰雪运动“南展西扩东进”，不仅遍及大江南北，更唱响“四季之歌”。如今，我国冰上赛事活动高潮迭起，冰雪运动场所星罗棋布，社会力量广泛参与，大众参与热情越来越高。在该时期，国家对冰雪选手进行了大面积专业选材活动，一批“00后”小将迅速成长了起来。一些专业体育院校培养了一些世界级速滑运动员。例如，武大靖本科毕业于吉林体育学院，研究生毕业于北京体育大学。任子威本科毕业于沈阳师范大学体育系，研究生毕业于北京体育大学。

图1-7　高亭宇在北京2022冬奥会获得我国男子大道速滑冬奥会历史首枚金牌

2022北京冬奥会，中国体育代

表团在奖牌榜上以9金4银2铜共计15枚奖牌的成绩，排在奖牌榜第三位；金牌数和奖牌数均创造了中国代表团参加冬奥会以来的最好成绩。

北京冬奥会的成功举办，“带动三亿人参与冰雪运动”从愿景变成现实，“大众上冰雪”的热情被全面激发，更多人开始体验到冰雪运动的乐趣。冰雪运动蓬勃发展的昂扬势头，更深刻地诠释了“国运兴则体育兴，体育兴则社会强”的道理。

令人振奋的数字背后，“冷资源”正在变成“热经济”，一个全球瞩目的冰雪体育经济市场逐渐拓展，其价值远超体育范畴，冰雪装备制造业会持续发力。比如各运动装备生产企业正在抢抓机遇，放大冬奥效应，驱动冰雪经济火热发展。从为运动员量身定制冰刀鞋，到自主研发雪蜡车，再到冰雪旅游场地装备和智能服务技术实验室的打造等都取得了长足发展。顾拜旦曾说过“一切体育为大众”，奥林匹克主义是一种人生哲学，它将运动、文化、教育三者合一，在增强体质的同时锻炼了人的意志精神；将冰雪运动与大众体育结合在一起，让人们在锻炼的同时享受了冰雪的乐趣，体验冬日的快乐，这极大程度地激发了人们的创新意识和研发精神，从而改变整个社会的精神面貌。

在专业冰雪装备方面，我国在冰刀鞋领域也投入了大量资金开始研发，由中国皮革制鞋研究院与河北科技工程职业大学联合攻关的河北省科技冬奥专项《基于生物力学的速滑冰刀鞋研究与应用》取得了系列成果，在高水平运动员冰刀鞋订制、冰刀鞋防损伤、冰刀鞋能量回归等方面实现了整体突破。我国目前冰刀鞋的科技短板在于冰刀金属材料方面，但是在个体化鞋帮热塑定制、碳纤维鞋垫定制、冰刀结构生物力学设计等方面已经与世界顶级冰刀鞋接轨。希望我们再接再厉、不断突破冰刀鞋的技术瓶颈，实现我国冰刀鞋产业的技术腾飞。

参考文献

[1] 王仁周,朱志强. 冬季奥林匹克运动[M]. 北京:人民体育出版社,2005.

[2] 刘永年. 新疆阿尔泰地域是人类滑雪发祥地之一[J]. 体育文史,1994(4):44-45.

[3] 韩丹. 释“骑术而行”——谈唐代北方民族的滑雪活动[J]. 体育文史,1989(4):16-19,23.

[4] 徐文东. 中国冬季运动史[M]. 北京:人民体育出版社,2006.
[5] 侯晓晖.《人民日报》对速度滑冰运动的报道历史[J]. 环球首映,2019(9):81-82.
[6] 杨树人,朱志强. 纵论中国冬季运动与冬季奥林匹克运动的历史渊源、融合和演化[J]. 2019,37(2):1-14.
[7] 熊汉. 我国竞技体育奥运战略的历史演进与改革趋势研究[D]. 武汉:武汉体育学院,2013.
[8] 叶海波,张莹,安婧. 我国冰雪体育外交的历史回眸与发展路径[J]. 体育文化导刊,2019(9):13-19.
[9] 吉冈伸彦,李学林. 速度滑冰研究史——有没有速度滑冰研究的"历史"[J]. 冰雪运动,1991(2):65-70.
[10] 孙晓霞. 中国体育代表团参赛历届冬奥会成绩分析[D]. 北京:首都体育学院,2020.
[11] 王伟宏. 中韩依然强势　欧美迅速崛起[N]. 河北日报,2022-02-17.
[12] 陈海翔. 中国短道速滑亟需寻找新的领军人[N]. 文汇报,2022-02-17(6).
[13] 李阿强,左斌,刘宏辉. 我国速度滑冰项目发展之路与启示[J]. 冰雪运动,2015,37(4):1-6,16.
[14] 祝玉良. 我国速度滑冰项目发展的成功经验与教训[J]. 体育风尚,2018(6):65.
[15] 黄昕,魏巍,张佐红,等. 我国速度滑冰项目发展研究——基于平昌冬奥会的分析[J]. 体育文化导刊,2019(7):6-12,24.

第二章

速度滑冰的生物力学原理

冰刀鞋设计必须符合速度滑冰的生物力学原理，生物力学是研究速度滑冰的科学依据。它不仅能够指导教练员制订科学训练的技术动作设计，而且是冰刀鞋科研人员的主要评估数据来源。速滑运动的发力特点、身体运动角度、身体重心转移轨迹、足部的三维受力状态都将影响运动员的成绩发挥以及运动安全。科学的训练必须以正确的生物力学研究为基础，优质的冰刀鞋必须以符合人体生物力学为前提，否则冰刀鞋的研发就会停滞不前。速滑生物力学的研究内容除了姿势、运动角度、阻力、摩擦力、切冰力量、肌肉做功等因素外，还包括甩臂、加速度等技战术的加持配合才能形成一个完整的生物力学评估闭环。此外，人体是一个整体的运动机体，任何脱离整体的局部改进都会对冰刀鞋的整体性能造成影响。冰刀鞋生物力学研究应该时刻注意这个问题。

第一节　速度滑冰的技术特点

速度滑冰和其他项目一样，有其本身的技术特点。我们主要从动作的空间形态和动作特点来分析速滑技术的特点。

一、滑跑姿势

速滑运动员采用减小制动力作用和提高动力作用的特殊的滑跑姿势来从事运动。虽然在滑步期间，姿势有些改变，但基本上还是保持本身的特点。

速滑动作的空间形态具有许多直线和角度的特征。滑跑姿势与以下角度有关：速滑运动员的躯干与水平线的角度；支撑腿的大腿与水平线的角度；支撑腿的小腿与垂直线的角度；支撑腿膝关节弯曲的角度；在蹬冰的一瞬间蹬冰腿的轴线与水平面的角度（图2-1）。

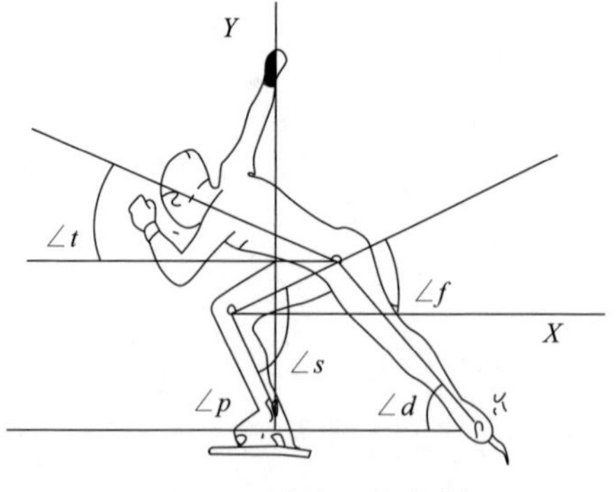

图2-1　滑跑蹬冰角度

$\angle t$上体与水平线的角度；$\angle f$大腿与水平线的角度；$\angle p$支撑腿膝关节的角度；$\angle s$小腿与垂直线的角度；$\angle d$蹬冰腿与水平面的角度。

运动员采取这样的滑跑姿势，主要考虑以下几个因素：

（1）缩小身体正面的面积（$\angle t$、$\angle f$），减小正面阻力，提高身体的流线性和减小身体形状阻力。

（2）缩小膝关节弯曲度（$\angle s$），有利于蹬冰，加大蹬冰腿伸展幅度。

（3）随着支撑腿小腿与垂直线角度$\angle p$加大，身体的质量中心向前移动，可以创造蹬冰方向与水平角度更小的有利条件。由此可见，滑跑姿势（它的深度）具有许多特点，上体的倾斜角（$\angle t$）和大腿的倾斜角（$\angle f$）较小，滑跑姿势就低，相反就高。并且由于膝关节弯曲角度（$\angle s$）和小腿倾斜角度（$\angle p$）的减小，蹬冰腿与水平面距离的角度（$\angle d$）也随着减小，蹬冰方向也有所适当改变。

滑跑姿势的深度由躯干和大腿的倾斜角度或者降低臀部离冰面的距离来决定，但是其他一些角度的大小也多少互相联系。因此，只要确定所有的角度，就可以使滑跑姿势更完善和更正确。

选择滑跑姿势有关指数（角度），除腿部离开支撑点的角度外，在滑步期间各倾斜角度都会产生一些变化，所以应该保持在某一确定的时机。这可以使一个速滑运动员在不同距离中和不同条件下的滑跑姿势保持一样，还可以使不同运动员在相同条件下的滑跑姿势保持一致。

最适宜的滑跑姿势取决于运动员的体型，所以这种姿势应该根据不同对象来确定。另外，小腿离开支撑点的滑跑姿势是运动员做积极蹬冰动作结束时的最后身体姿势，也是进入下一个动作的预备姿势。因此，掌握这一时机对于确定滑跑姿势的有关指数是非常重要的。但也不应该把这一时机的角度大小看作完全不可改变的滑步姿势的确定指数。如果必须的话，还可以在滑步的其他时机来确定滑跑姿势的有关指数。

下面我们根据在不同距离各分界姿势中，蹬冰腿的各关节角度来说明在蹬冰过程中蹬冰腿动作的特征，可以发现各关节角度变化的相似之处和不同之处（图2-2）。躯干与大腿之间（髋关节—F），大腿与小腿之间（膝关节—S）和小腿与脚掌之间（踝关节—P）。

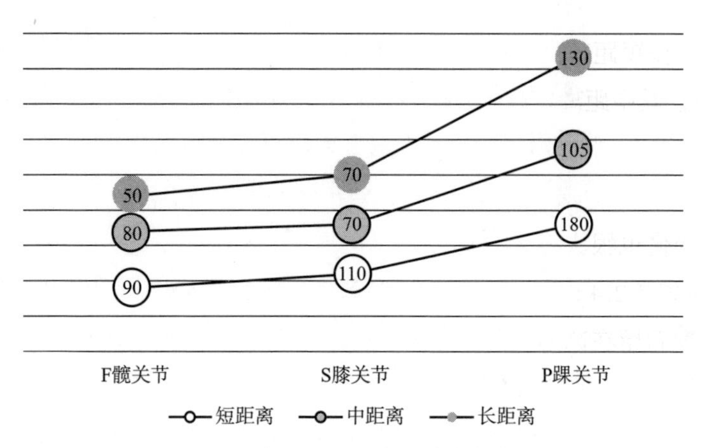

图2-2 蹬冰腿不同距离的关节角度变化

在不同距离的分界姿势（Ⅰ、Ⅱ、Ⅲ）中蹬冰腿各关节（髋关节—F，膝关节—S，踝关节—P）的变化。

二、滑跑

所谓滑跑是指运动员的外形特征而言，它不同于田径运动的跑，跑有腾空，而滑跑是没有腾空的，始终保持支撑冰刀在冰面滑行。这样，速滑运动员在每一个滑步中先用单腿滑，而后用双腿滑，运动员每做完一系列动作后又回到原来的姿势，这一系列动作就构成滑跑的一个周期，其中包括两滑步。这样我们就很清楚滑步的概念：蹬冰腿距离开冰面后，另一条腿从单支撑滑行、双支撑滑行直到该腿离开冰面的滑行过程。

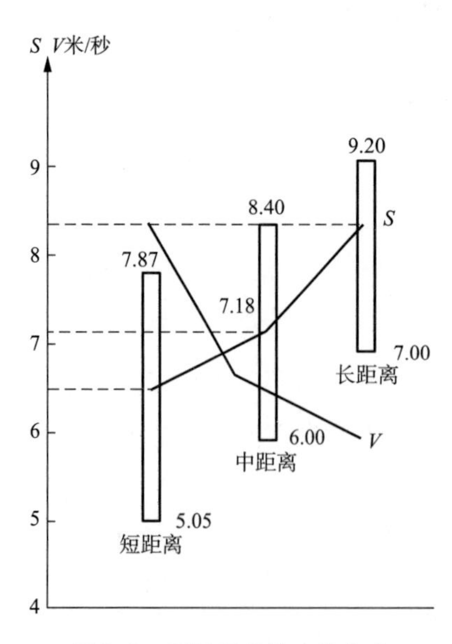

图2-3 不同距离的步长变化

滑步的长度表明速滑运动员如何在具体的条件下，发挥自己的能力。滑步长度（S）的测量是按照滑跑方向从一侧冰刀离开冰面的地方到另一侧冰刀离开的地方（图2-3）。运动员在短距离、中距离和长距离的不同速度情况下，步长不完全一样。

例如，在短距离平均速度12.1米/秒的情况下平均步长是6.5米；其中距离11.4米/秒的情况下，平均步长是7.2米；在长距离11米/秒的情况下，平均步长是8.1米，可见，速度越快，滑步越短。由于确定步长的条件很多，因此步长的变化也很大。步长的偏差范围是：短距离（2.8米）、中距离（2.4米）和长距离（2.2米）。滑步的宽度（*m*）是在冰刀留在冰上痕迹（松状的痕迹）的边缘点之间测量，其垂直于滑跑方向（图2-4）。

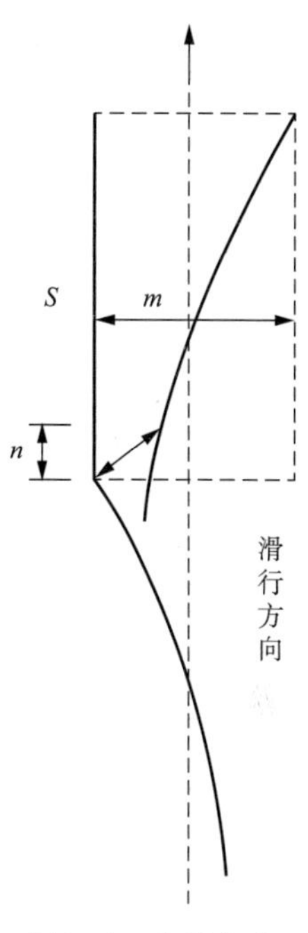

图2-4　步宽变化

当然，步宽决定于与滑跑方向相对的冰刀在冰上的外转角度，决定于在整个滑行期间这个角度的变化（痕迹形状）和步长。在一定程度上可以说步宽决定于运动员的速度。速度越快、步长越短；即使冰刀的外转角度较大，但步宽仍然较小（窄的松状痕迹）。然而，在长距离滑跑时，在速度较慢而步子较长的情况下，冰刀外转角度较小同样可以造成步宽较小。由于滑步宽度取决于许多因素，所以在这种情况（现象）下不完全是如此。应该考虑到，在步宽大的情况下，会扩大身体质量中心的轨迹横向偏离滑跑方向，会消耗多余的能量（用力）和加长路线。

箭步是蹬冰腿结束蹬冰的一瞬间两冰刀之间的前后距离。箭步的长度是在蹬冰脚蹬离冰的一瞬间测量两冰刀前后的距离，在较长距离滑跑时，由于运动员努力加大蹬冰幅度，这会导致蹬冰结束前冰刀外转角度增加，而使箭步长度减小。换句话说，较长的箭步适合于较短的蹬冰幅度，这是短距离滑跑所具有的特点。滑步的时间在不同跑速和距离的情况下是不一样的。短距离平均为0.53秒、（0.43～0.64秒）；中距离为0.62秒（从0.50～0.70秒）和长距离为0.72秒（0.60～0.83秒）。由此可见，长距离滑行与短距离滑行相比较，其滑步的时间要长得多，在短距离滑行时，滑步的时间和长度的变化不太大，中距离和长距离的变化则较大。

滑跑的速率与滑步时间的关系成反比例。滑跑速率一般用步频来表示。短距离平均是1.89步/秒，中距离是1.61步/秒，长距离是1.39步/秒。用一分钟计算分别为113.4步、96.6步和83.4步。步的速率表明，步的频率越大，速度越快。

但是，这并不意味着步频的任意加快有助于运动员速度的提高。速度的提高只是在这种情况下才有可能，即随着滑步的速率增加的同时改变滑跑的固定方向和节奏。

滑跑的节奏具有许多指数，首先要研究阶段节奏，如滑步三个阶段的时间比例。如果把完整滑步的时间作为100%，那么各阶段的时间（Ⅰ—自由滑行，Ⅱ—单支撑滑行，Ⅲ—双支撑滑行）分别是：短距离相当于23%、49%和28%，中距离相当于25%、50%和25%，长距离相当于28%、47%和25%（图2-5）。显然，随着距离的增加，自由滑行的比例也相应增加。换句话说，在速度较快情况下，自由滑行相对较短，但是在长距离单支撑蹬冰却相对较短。运动员的滑跑节奏可以用一个指数来表示，即蹬冰时间和自由滑行时间的比值，短距离为3.39，中距离为3.0，长距离为2.57。

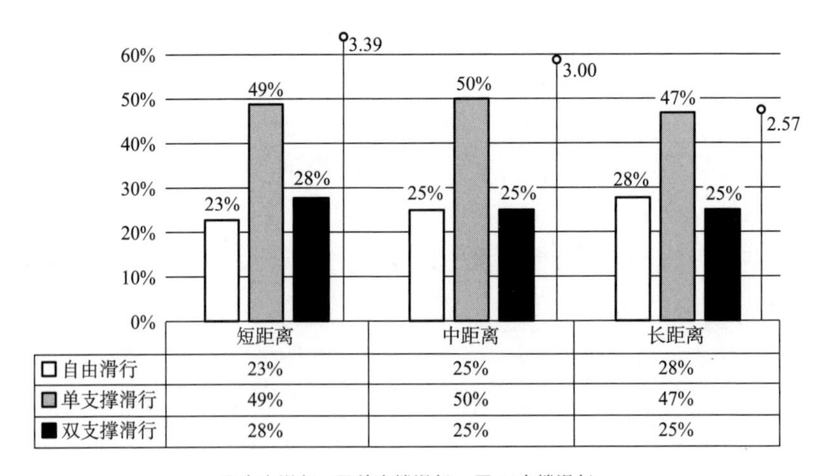

图2-5 不同距离滑行状态对比

三、滑跑速度形成的脉动曲线

运动员的滑跑速度（滑步的平均速度）取决于步长与滑步时间的关系。在短距离中，虽然滑步的长度和时间很短，但是速率最大，所以运动员的速度也最快。不同距离的速度偏差范围如下：短距离为1.0米/秒，中距离也为1.0米/秒，长距离为0.7米/秒。可见，速滑的短距离和长距离的平均速度差别很大。

如图2-6所示，滑步和其每个阶段的平均速度，随着距离的加长而有规律地降低，但是短距离中滑步的平均速度却比中距离和长距离大得多。后两种距离按照滑跑直道的方向，速度本身之间差别较小。Ⅰ阶段（自由滑行）的速度随着距离的加长要比其余两个蹬冰阶段（Ⅱ阶段和Ⅲ阶段）的速度慢。这就是说，在短距离蹬冰阶段，特别是单支撑蹬冰（Ⅱ阶段）作用特别大。因此，在不同距离的各阶段中，滑跑速度变化是不一样的，这就形成了脉动曲线。单支撑蹬冰阶段速度最大，自由滑行阶段速度最小。这就是说，双支撑蹬冰阶段的平均速度要比自由滑行阶段的速度高，因而这时有效地完成蹬冰就能对速度起影响。单支撑蹬冰（在脚侧向摆动冰刀的情况下）时，速度就减慢一些。此时，冰刀鞋刀刃需要插入冰面给足部一个侧向的反作用力来推动运动员向前运动。

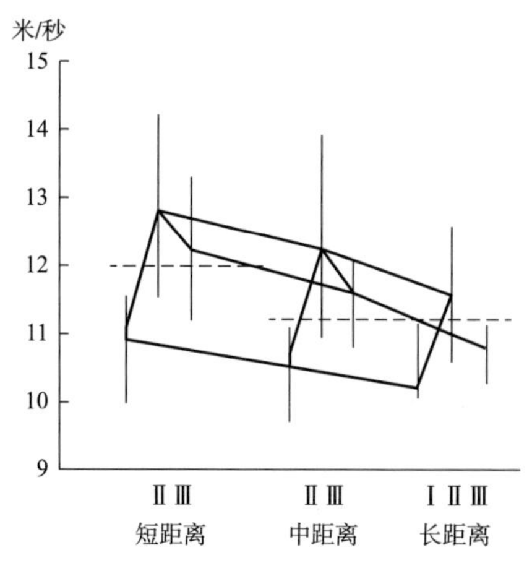

图2-6 不同距离的平均速度对比

四、推动身体前进的支点在体侧

运动员在冰上滑行时，借助冰刀的锋利刀刃切入冰面，形成稳固的支点。而这个支点又不是固定的（不同于奔跑、竞走和滑雪）它随着冰刀与运动员的身体质量中心一起向前移动。速滑运动员的滑跑速度是很高的，短距离可达12.1米/秒，这样高的速度，只有在体侧才能找到支点，否则就不能完成蹬冰动作。

要在高速的滑跑中，在体侧才能找到牢固的支点就要依靠身体质量中心的横向和纵向的移动。身体质量中心移动的大小是指从蹬冰开始直到结束时质量中心至支撑冰刀间的距离增加。身体质量中心是沿纵向（*S*x总的滑跑方向）和横向（*S*y）移动的（图2-7）。

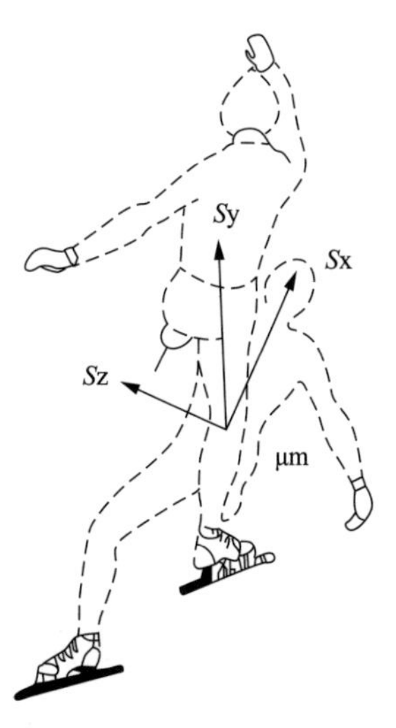

图2-7 身体质量中心变化

因此，水平面的总移动大小以及垂直移动的大小一般是不考虑的，因为通常认为速滑运动员不应该出现身体质量中心的垂直运动。

运动员只有在身体质量中心发生移动时（相对于支点冰刀）才能做出蹬冰动作，因为，支撑冰刀与运动员的身体质量中心一起向前移动，所以，速滑运动员在一边滑行，一边完成蹬冰动作时，身体质量中心的横向移动的大小才具有重要意义，它直接决定了蹬冰线方向的改变。正因为如此，推动身体前进的支点发生在了身体侧面。

蹬冰线（假设）是连接蹬冰刀支撑点（K）与运动员身体质量中心的线（图2-8）。这条线的作用是阐明与运动员在冰上用力点有关的身体质量中心的位置。沿蹬冰线方向可以捕捉到一些运动员滑行时的关键运动角度。

蹬冰的水平角∠Rx是由蹬冰线在冰面上的投影和运动员的滑跑方向线（平行与跑道的直线段）形成的。这一角度表明蹬冰线在滑跑过程中向前移动程度。蹬冰的垂直角（∠Ry）是由蹬冰线和它在冰面的投影形成的。这一角度的改变是根据身体质量中心与冰面之间的高度h（滑跑姿势的深度）和身体质量中心总方向移动的大小而变化的。蹬冰力量的大小和身体重量也会影响蹬冰的垂直角度。运动员应努力将蹬冰中获得的加速度尽可能趋向水平的方向，这一加速度的方向（水平的）是由冰刀蹬冰的水平角决定的。这一角度根据当时冰刀外转角度而定。蹬冰线的方向与冰刀之间所形成的角度接近于直角。在离开直角的情况下，冰刀就会相应地滑向后面或前面。这一点也决定了推动身体前进的支点必须在体侧。

要准确地测定蹬冰线（根据身体质量中心）和相应的蹬冰角度是不可能的，因为到目前为止还没有完全准确地测定人的身体质量中心位置的方法。因此，上面所引用的这些角度只是体现接近质量中心的近似值。更准确测定角度要根据运动员的身体质量中心点。根据动作捕捉系统可以较准确地测定蹬离腿冰刀在离开冰面时髋关节位置距冰上的高度（h）跨步长度（n）和滑步的宽度（m），如图2-9所示。根据角度数据可以计算出最大的角度。这些角度是由蹬冰线（此线引向蹬冰腿的髋关节与纵轴）横轴（A）和垂直轴（B）构

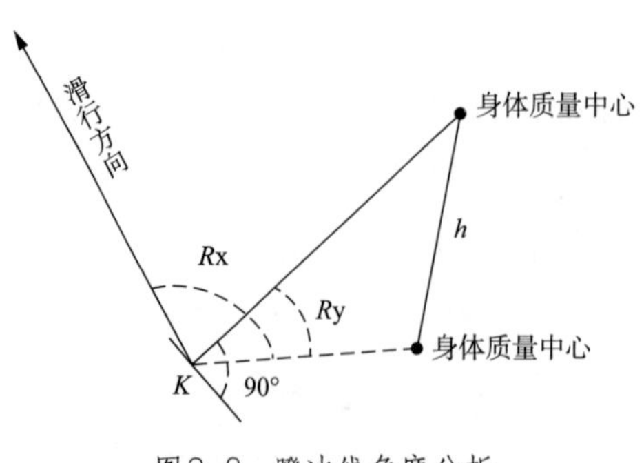

图2-8 蹬冰线角度分析

成，这些轴线都通过蹬冰刀的支点。优秀速滑运动员的最大角度范围（根据图像测定的数值）是：a=78°~80°，b=40°~45°，r=48°~53°。这样，就可以用以下的方法来适当减小角度：①降低滑跑姿势（减低N），②把身体质量中心的横断面缩小到理想（缩短M），③在冰刀外转到较大角度时，结束蹬冰（加大N）。这样就会使蹬冰方向（身体质量中心移动方向）更为合理，达到加大蹬冰效果的目的。应该指出，蹬冰线是根据身体质量中心或者髋关节的位置假定的，关于支撑反作用力方向的蹬冰线目前仪器还无法测定。

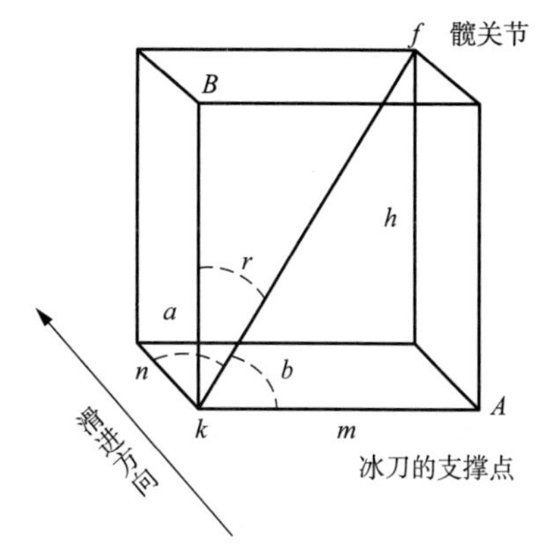

图2-9 蹬冰线与蹬冰角度

五、速滑运动是典型的周期性运动

速滑技术的构成是：一个复步包括两个滑步，由四个时期、六个阶段和十二个动作构成的（直道）；而弯道是由四个阶段、八个动作构成一个复步。在滑跑全程的各个区、段，都是重复每一个复步的过程。因此，掌握好一个复步各动作的协调关系，形成鲜明的节奏和速率，达到巩固的动力定型和高度的自动化，是成为一个优秀速滑运动员的重要条件。

第二节 速滑技术的基础生物力学分析

在分析和研究速度滑冰技术时，必须说明动作机制即力的作用，分析动作机制，首要的是研究蹬冰力、蹬冰角度及影响蹬冰力相关联的各种力。下面我们将研究速滑技术的力学基本原理和蹬冰的生物力学基本原理。

如果作用于运动员身体上的力是平衡的，则运动员便处于静止状态。假如作用力不平衡或不等于零时，则运动员的身体便向侧面移动，这个侧面力可能是前进的推进力或是阻止前进的阻力。

速滑运动员的动作可分运动学结构和动力学结构。运动学结构是指速滑运动员在空间和时间上的运动规律性。这一结构决定着运动的外貌。研究证明，运动学结构是相当恒定的。运动学结构的规律性很强，因此，它在每个速滑运动员的每一步基本上都会反复出现。动力学结构是指速滑运动员的身体各环节相互作用时产生的内力与外力相互作用的规律性。

这样，从动力学结构来研究速滑技术的动作机制，可以把内力（肌肉拉力、内摩擦力、各环节惯性、弹力等）、外力（重力、摩擦力、空气阻力等）归为动力（推进力）和阻力。

动力（使运动员增大速度的推进力）包括肌肉收缩时向心运动的拉力、肌肉收缩后作用在支点的反作用力以及各环节惯性等。这是提高运动员滑跑速度和增加动能的源泉。

阻力是使运动员滑跑减速的力，包括重力（地心引力）、冰刀与冰面之间的摩擦力、肌肉的内摩擦力以及空气阻力等。

一、动力

研究动力就要研究蹬冰动力。然而，运动员的单一蹬冰动力（就像任何自动系统一样）是不存在的。蹬冰动作有许多共同施加在身体不同环节上的力量，肌肉的拉力和一些其他的外部力量都会对身体的每个环节起作用。这些力量引起每个环节相应的加速和改变许多关节的动作。所有这些施加在不同环节上的力量可以用一种施加在运动员身体质量中心上的合力来代替。

（一）肌肉的拉力

人的肌肉、韧带在紧张收缩时产生肌肉的拉力。身体各部位的移动及其外界相互关系决于肌肉的紧张程度。比如蹬冰前腿部肌肉收缩，蹬冰时再迅速伸展从而使冰刀对冰的压力受到支点（冰）的抵抗，于是产生蹬冰的支点反作用力。这正是人体增加速度的动力和源泉。

（二）反作用力

物体加压于支点，支点以其大小相等、方向相反的作用力反加于物体称为支点反作用力。由于肌肉的拉力在蹬冰时产生了冰刀作用于冰上的支点反作用力，才改变了身体质量中心的加速度。我们可以大体测定身体质量中的加速度，并可以想象运动员身体的全部质量集中在这一点上。把身体质量乘以它的质量中心加速可以计算出总的加速力。但这种力不等于动力，因为加速度等于施动力减去制动力。

人们常常错误地把蹬冰力量看成是施加在身体质量中心上的重力和支撑反作用力的合力，并且认为支撑反作用力的方向是通过身体质量中心的。这种看法是不正确的，无论是根据理论原则，还是根据试验材料，支撑反作用力的方向既与质量没有联系，也与支撑腿的髋关节没有联系。在同一姿势的情况下，即在同一质量中心位置的情况下，肌肉紧张可以引起关节不同方向的动作。蹬冰时支撑反作用力方向的测定只能借助于动力描记器，因为现阶段的描记器只能记录垂直于冰鞋鞋掌面的压力，不能计算鞋与冰面的倾斜度支撑反作用力。这与力的反作用一样，只能改变现有的动作（减低冰刀速度和改变它的方向），但是不会产生动作，这种力不会作任何功。因为冰在这种力的影响下，并不移向用力的一侧，这种反作用力只是使冰刀在冰上保持平衡，不会使冰刀滑向蹬冰相反的一侧。只有用肌肉力量，可以使运动员的身体远离冰刀。总之，支撑反作用力无论是在方向方面，还是在大小方面都与所计算的加速力不相一致，加速力量是根据身体质量中心加速计算的。

那么，如何正确地理解在实际蹬滑力量作用下，施加在运动员身体各环节上的总的肌肉力量以及与肌肉力量相等，并且对冰刀起相反方向的作用？换句话讲，就是支撑反作用力在什么情况下，能起到推进力的作用，能产生多大力量？这些力量可以这样理解：从支撑反作用的矢量中减去身体质量的反作用矢量。

由于到目前为止，支撑反作用力的倾斜度还不能测定，所以要正确地测定蹬冰力量还不可能。现在我们可以测定身体质量中心加速度的那部分肌肉工作是全部肌肉工作的较小部分，相当大部分的肌肉工作是使用在对抗肌力量的平衡、对抗内摩擦和惯性内力上的平衡上，并且转化为热能，发生能量扩散和无谓的损失。因此，应该考虑到在蹬冰时所有力量的实际关系，找到减少能量无谓消耗的方法和改进提高有效率的技术。为了避免身体质量中心的垂直移动，要注意使蹬冰方向和重力配合好，以便使加速度转为水平方向。为了使身体质量中心保持严格的水平移动，就必须使重力和成为支撑腿的反作用力协调起来，调整到正确的蹬冰方向上（图2-10）。

这里就引出了蹬冰角，蹬冰角一般是指连接冰刀在冰上的支撑点和运动员身体质量中心的力线同这条水平线在冰面上的投影所形成的角（图2-11），并且可以假设支撑反作用力通过质量中心，不是一种蹬冰的力量。所以在所谓的沿质量中心的蹬冰线和支撑反作用力之间有可能存在着很大的悬殊。因此，关于质量中心的蹬冰角的概念是假定的，只是间接地反映在蹬冰时的身体姿势。根据任何蹬冰线确定的蹬冰角是不断变化的。因此，在测定蹬冰角时，不仅必须考虑到它是根据什么样的线来计算的（按照腿轴或者按照身体质量中心的方向，按照支撑反作用力——总的或者蹬冰的支撑反作用力），而且必须考虑在什么时刻计算。计算中不存在（冰刀离开时的蹬冰角）这一现象，因为在这一时间之前支撑反作用力会降到零，所以不形成任何的角度。在冰刀离开冰的一瞬间，腿的纵轴与水平面上之间形成的角（*D*）就是腿轴与水平线的倾斜角（图2-11）即蹬冰腿离开支撑面的角。当然，不能把这个角叫作蹬冰角。虽然，它在某种程度上可以判断之前的蹬冰方向，因此，关于蹬冰角的严格概念只是相对的（较大或较小），要测定它需要实时的动态动作捕捉系统。

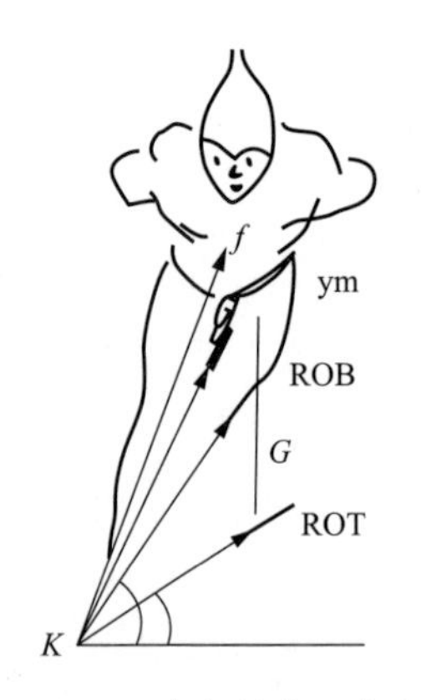

图2-10　蹬冰矢量作用力分析

图2-11　蹬冰角度与水平线分析

（三）施加身体各环节的惯性

我们在分析速滑技术的动作机制时，知道单一的蹬冰力是不存在的，是有许多施加在身体不同环节上的力，生物力学指出：

$$F=P+Fj+Fj_1+Fj_2 \quad (2-1)$$

式中：F——作用力；

P——人体体重（在蹬冰角相对稳定情况下）；

Fj——身体惯性；

Fj_1——浮腿摆动附加惯性；

Fj_2——身体其他各部分的惯性。

从公式（2-1）中我们得知，蹬冰力大小等于人体各部分惯性的总和再加上人体体重（在一定蹬冰角度下的肌肉收缩拉力）。如果我们把人体体重当作常数，要加大蹬冰力，就应加大影响蹬冰动作的人体各部分运动所产生的惯性。

力学指出，当我们考察物体对于非惯性参照系的运动时，除了由物体相互作用力所决定的加速度外，由于非惯性参照系相对于惯性参照系有加速度，因此物体还具有附加的加速度。如果仍要在形式上沿用动力学定律，就必须假想一个与附加的加速度相关联的力，这个假想的力叫作惯性。换句话说，惯性就是运动物体的质量对施力物体的反作用力。例如，为了使原来静止或运动着的甲物体产生加速度，就必须由乙物体给甲物体一个力，甲物体也必然给乙物体一个反作用力，这个反作用力就叫作甲物体的惯性。人体由下蹲到站立的一瞬间，身体得到一个向上的加速度，这时身体的惯性是向下的。在滑跑时，身体各环节的惯性作用于邻近的环节，而全身的惯性通过冰刀作用于冰面，这就是惯性能够加大蹬冰力的因素。

生物力学指出：

$$Fj=m\times a \qquad (2-2)$$

式中：m——身体运动部分的质量；

a——身体运动部分的加速度。

$$S=a\times\frac{a}{t^2} \qquad (2-3)$$

式中：S——人体质量中心运动的距离；

t——通过S距离时所用的时间。

由此可得：身体惯性 $m=\frac{S}{t^2}$ 这里身体质量是个常数，因此为加大身体惯性就必须加大S值；或当S值固定的情况下尽量缩小t值。

在摆动运动中，摆动速度应用角加速度来表示：

$$\varepsilon=\frac{\phi}{t^2} \qquad (2-4)$$

式中：ϕ——摆动弧度所对角；

t——摆动中角所用的时间。

由此可得，浮腿摆动惯性为：

$$Fj_1 = m \times \frac{\phi}{t^2} \qquad (2\text{-}5)$$

同样，当m值固定的情况下，为加大浮腿摆动惯性，应加大ϕ值。同时应尽量缩短摆动ϕ角所用的时间t。

根据上面公式，在分析研究速滑技术时，为提高蹬冰效果，加大惯性就应加大身体质量中心移动的距离；加大浮腿摆动惯性。应当指出，惯性在速滑运动中，有时是一种阻力。

二、阻力

在阻力的作用下，滑跑速度必然下降。速度下降的大小取决于一系列的原因，了解到这些原因，我们在设计滑跑姿势、改进滑跑动作技术上就要更加符合力学原理，力争减少速度的下降。

（一）重力

身体各部分受地球引力的合力，就叫作整个身体的重力。身体的质量中心，是身体各部分重力的合力作用点。它随着身体各部分的位移而变化。

$$p=m \times g \qquad (2\text{-}6)$$

式中：p——体重；

m——物体质量；

g——自由落体加速度9.81m/s^2。

应该指出，在自由滑行时，重力作为向下的力使冰刀与冰面产生摩擦而起到减速的阻力作用。但是，在蹬冰时，重力和成为支撑腿的反作用的协调配合使蹬冰方向更为合理，这里重力则起到推进的作用，它又成为前进的动力。

（二）摩擦力

当运动员在冰上滑跑时，将产生滑动摩擦力。

滑动摩擦力公式：

$$F = K \times P + E \qquad (2\text{-}7)$$

式中：F——滑动摩擦力；

K——滑动摩擦系数；

P——正常压力；

E——变形冰的阻力。

摩擦力对速滑运动员的滑跑速度起减速的阻力作用，因为它的方向与运动员滑跑方向相反。

冰刀与冰面间摩擦力的大小取决于冰刀对冰面法向力的（与冰面垂直）作用、运动员的体重和他身体惯性的大小。惯性产生于加速时并与加速的方向成反向。如果身体部位加速的方向朝上，那么，它们的惯性就朝下，并把冰刀压向冰面。

在运动员身体向上加速伸直的最初阶段（加速的方向朝上），他身体的惯性是朝下的，并通过冰刀加大对冰面的作用。在运动员身体缓慢下蹲的最后阶段（加速方向朝上），他身体的惯性是朝下的。这些惯性和身体的重量合在一起并通过冰刀来加大对冰面的作用，使摩擦力增大。

当冰面未被破坏时，冰刀与冰面的摩擦力按上述定律计算。在一定限度内，即当冰刀的刀刃垂直于冰面上滑行时，这一条件才有效。如果冰刀倾斜，刀刃切入了冰面，则阻力会增大（图2-12）。在正常情况下，对冰面压力的正常增加与摩擦力的增大成正比，并相应地减小滑行速度。如果冰刀对冰面的压力增大，摩擦力就会增大，从而影响滑行。苏联速滑专家认为[1]，冰刀与冰面的摩擦力之所以不大，是因为刀刃与冰面之间有水的润滑。冰刀与冰面的摩擦能引起冰的融化，而这“稀的润滑剂”又可改善滑行。冰在正常的压力下（一个大气压或1kg/cm^2）在摄氏零度时冰才会融解。但如果压力变大时，在零度以下便开始融解。速滑运动员将自己的体重完全压在冰刀刀刃与冰面相接触的极小的面积上，因此，每平方厘米上所受的巨大压力造成了冰在-4～6℃或者更低一些已开始融解。研究的结果证明，在用软水（含有少量的石灰盐和氧化镁盐）浇的冰场最适宜的滑行

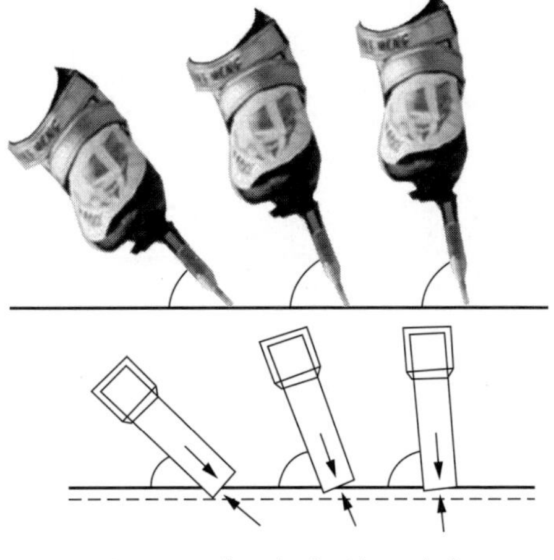

图2-12 冰刀与冰面切入角度

温度是-4～6℃，而用硬水浇的冰场则在-4～8℃。

冰刀与冰面的平均摩擦系数为0.02。因此在滑行中，如果刀刃不切入冰面、运动员的体重为70公斤的话，那么摩擦力就近乎1.4公斤。摩擦力会降低运动员动作的速度，因为摩擦的方向与动作的方向相反。

需要指出，由摩擦所引起的降低速度的程度，对不同体重的运动员来说都是相同的。因为在这种情况下，只要冰刀不破坏冰面，体重是不起什么作用的。

空气的温度与湿度、浇冰水的成分（高山水的杂质少）、冰坚硬的程度、浇冰的方式等，对摩擦力的大小都存在实质性的影响，除了冰刀与刀面的摩擦之外，还有冰面不平滑而造成的阻力。在软的冰面上这种阻力比在硬的冰面上要大，根据现有记录，在自由滑行时脚对冰刀的压力大于处在静止状态下的身体重量。由此可见，甚至在自由滑行时运动员都以自己的动作来增加对冰面的压力从而减慢滑行速度。在自由滑行的最初阶段，运动员的身体在微微下降并出现动作向下缓冲，这时，处于单脚支撑滑行状态下的身体重力在移至另一脚之前（在双脚支撑滑行中），由于肌肉的弹力作用而有一个不大的向上的动作，可见，这两个动作均可产生惯性，而这些惯性随着冰刀与冰面间的摩擦力的增大可使滑行速度进一步下降。在这一方面，惯性起到阻力的作用。

但是，最近的科学研究表明，冰刀与冰面的摩擦力减小并不是因为冰刀将冰面融化，而是冰刀挤压冰面产生的“滚动摩擦”所致[2]。研究认为，速滑运动员使冰上升的温度只有0.07℃，而冰刀能够让冰融化的最低温度为-3.5℃。但是，冰场冰面的温度一般都在-10.5～-6℃之间，所以冰刀产生的压力不足以使冰面融化。

1997年，西方科学家通过核磁共振发现：当温度在-20～0℃之间时，冰的表面存在一个介于液态水与冰之间形态的薄层，该薄层是减小摩擦阻力的关键[3]。

近年来，我国科学家[4]也提出了一个观点：“-36℃以上的冰从内到外由结晶冰层、无定形冰晶层、冰水混合物层和液态水层共4层构成，这才是冰滑的真正原因。”按照这个说法，“当冰刀在冰面滑动时，冰表面类似于凝胶状态的冰水混合物层被压实，混合物里的水因‘离浆现象’析出，过渡层中的冰粒沿着冰刀运动的方向滚动，下方被压实的部分填补了结晶冰层的缺陷，使得冰刀运动更加顺滑。”也就是说，冰刀在冰上并不是滑动摩擦，而是滚动摩擦。该理论的新颖之处在于提出了一个冰水过渡润滑层概念。也正是因为润滑层的存在，才使得冰刀滑动速度增大（图2-13），这也是目前接受度较高的一种理论。

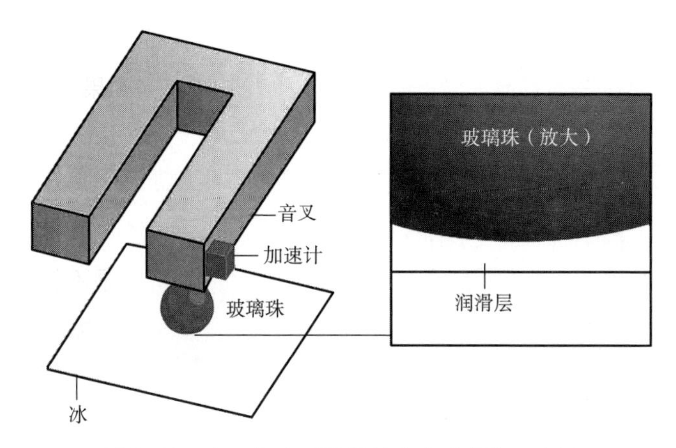

图2-13 冰刀与冰面润滑层的滚动摩擦示意图

（三）组织的被动阻力

组织的被动阻力主要取决于运动器官的结构，但有时也可能受内脏器官形态特点的影响，其中最主要的是骨骼的阻力。由于有坚硬的骨骼，我们才可能在一定限度内从力学观点把人体看作是固定不变的一种固体系统。肌肉、关节囊、韧带、腱膜、肌间隔、筋膜等软组织的阻力，在运动中起很大作用，其中肌肉的阻力具有特别重要的地位。肌肉的黏滞性和各器官间摩擦力在影响运动的外力中也起着一定的作用。

（四）空气阻力

运动员滑跑时，受到空气阻力的作用。滑跑时的空气阻力是以迎面阻力的大小来计算的。这是由于速滑运动员迎面的空气变得密集，而在其身后的空气变得稀薄的缘故，因此造成了体前、体后的压力不相等（形态阻力）。除此之外，摩擦阻力对此也有影响（图2-14、图2-15）。

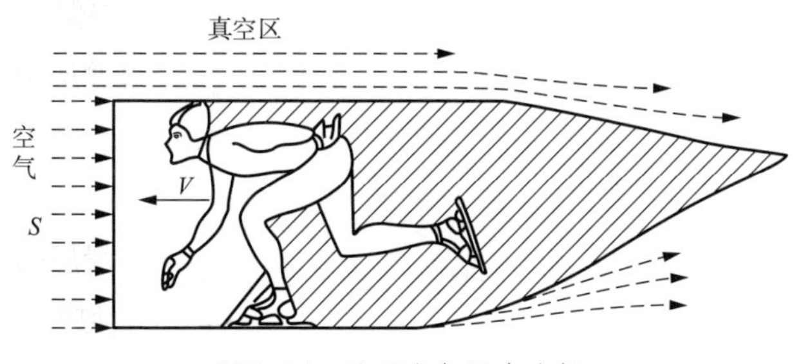

图2-14 迎面空气阻力分析

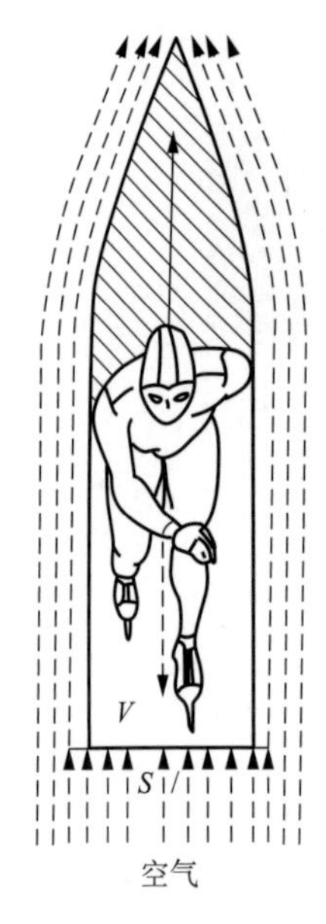

图2-15 身后空气阻力分析

空气阻力公式：

$$RX = S \cdot CX \cdot P \cdot V^2 \quad (2-8)$$

式中：RX——迎面阻力；

S——身体横切面积；

CX——迎面阻力系数；

P——空气密度；

V——滑跑速度。

空气阻力与介质系数、身体横切面积和运动员滑跑速度平方成正比。迎面阻力系数或空气密度取决于姿势和大气压力、空气湿度。身体呈前伸姿势（在较低姿势的情况下）可以改善流线性；大气压力和空气湿度越小，则空气就越稀薄，密度就不大。因此，空气密度随着海拔的增高而降低，所以高山冰场比平原冰场的空气阻力要小，运动员可以发挥出更高的速度[5]。

身体横切面积是运动员身体在跑道正向垂直面上的投影，姿势越低横切面积越小。空气阻力与速度的平方成正比，当速度增加二倍时，空气阻力就会增大四倍。顺风时所克服的空气阻力减少了，但减小的数值与逆风时增加的数值并不相等。就是因为滑跑速度大大超过风速，逆风时，克服空气阻力要大大增加。此外，运动员身体表面与空气间的摩擦力对滑跑速度也有影响，因此，对运动员的体型、着装以及滑跑姿势都要尽量符合流线性。

三、滑步蹬冰力学分析

滑步蹬冰是滑冰的基本动作，下面我们运用有关力学原理，分析一下滑步动作的蹬冰技术、蹬冰力量和滑步结构的特征。

能使速滑运动员保持速度的主要动作是蹬冰，包括单脚支撑蹬冰（单脚滑行时）和双脚支撑蹬冰（双脚滑行时）。从力学角度而言，两种蹬冰方式具有共性，同时还有本质上的区别。蹬冰是负担体重的支撑腿的伸展，即身体质量中心离开支撑冰刀，并逐渐扩大刀刃与身体质量中投影间的距离，直至该蹬冰腿三关节蹬直的过程。

在蹬冰时，速滑运动员的身体质量中心是朝着相对于支撑腿的前侧方运动。由于存在移位（身体质量中心所行的距离称为纵向移位距离）及其总移位（纵向移动与横向移动的结果）就存在着增加速度的可能性，这要取决于蹬冰方向。

在蹬冰时，随着腿向后、侧方蹬直，髋、膝和踝关节的角度在改变，身体质量中心也就移位了。由于腿蹬直具有一定速度，所以身体重心也获得相应的速度，该速度在蹬冰动作结束时仍不消失。在蹬冰结束后，身体重心仍然以一定的速度在前进。由此可见，速滑运动员用脚蹬冰来进行身体重心的移位并增加身体前进的速度。

在蹬冰时，另一只腿（浮腿）要做摆腿动作，这在单脚支撑蹬冰时可以清楚地看到。摆腿就是朝着蹬冰相反方向摆动腿（图2-16），这同样可以引起身体重心的移位并使它具有一定速度。所以，应当认为摆腿是蹬冰过程中的一个组成部分。总之，速滑运动员的蹬冰脚、浮腿的摆动以及手臂的摆动共同完成了蹬冰动作。

图2-16 蹬冰摆腿

对于蹬冰而言，身体重心的移位和由于两个动作（蹬冰、摆腿）而引起的增加速度都是极其重要的。在加快向前、侧方摆腿的同时，产生一个反向的、朝后的摆动腿的惯性。这个惯性增加了蹬冰腿肌肉的负担并引起它们以变形肌肉的弹力来反作用于肌肉的伸长。这样，浮腿的摆动就和手臂的摆动一样增加了蹬冰腿部肌肉紧张的程度并促使运动员更好地蹬冰。

在蹬冰的前一阶段中，一条腿蹬冰，另一条腿摆动，肌肉紧张到最大程度，但身体重心的速度并不大，然后肌肉收缩的速度增快，紧张的程度在下降，身体

重心的加速也在减慢，速度却在不断加大。在蹬冰的后期应当用脚掌快速结束蹬冰动作，全身所获得的基本速度，主要是发生在蹬冰的最初阶段。因此，应当特别注意蹬冰的开始阶段，使肌肉在一开始蹬冰就能有最大限度的紧张。

单支撑蹬冰是另一条腿（浮腿）移向新的支撑点，用一条腿在整个滑行过程中完成的。当身体重心开始移位，主要是横向移位，冰刀转入用内刃滑行，就开始了这一动作。这点应当马上进行纵向移位，随着速滑运动员的身体朝着支撑脚的反向运动，重力运动线（重力垂直线）也朝着支撑冰刀的反向移动（图2-17）。此时出现一个运动员身体重量相对于支撑冰刀的力矩，这个力矩使蹬冰腿的轴线更加倾斜。蹬冰腿冰刀滑向侧方与运动员的前进方向成一定的角度，因此冰刀留在冰上的痕迹就成“松树”状。身体重心的移位使蹬冰的角度减小。而运动员朝着向外滑去的支撑腿前侧方的倾倒，又加速了移位。然后，膝关节与髋关节都伸直，大腿向后外转完成蹬冰动作。浮腿的摆动（和手臂摆动一样）只会加强蹬冰。可见，单支撑蹬冰包括受重力力距影响的身体重心的移位、支撑腿的伸直和浮腿的摆动。

双脚支撑蹬冰是从浮脚开始接触冰面，身体重量渐渐移到这条腿上而开始的，仍然是用蹬冰腿来完成动作。由于支点转移，使蹬冰腿逐渐减轻负担，因此它所遇到的阻力就较小。而支撑腿的肌肉却要很快地收缩，这时蹬冰腿的轴线更加倾向水平面，蹬冰腿蹬冰的支撑反作用力的水平分力也比整个蹬冰支撑反作用力大。这也是双脚支撑的又一个优越性。最后，蹬冰腿冰刀更大限度地离开跑道的直线方向，这也增大了和滑跑方向一致的蹬冰支撑反作用的水平分力。

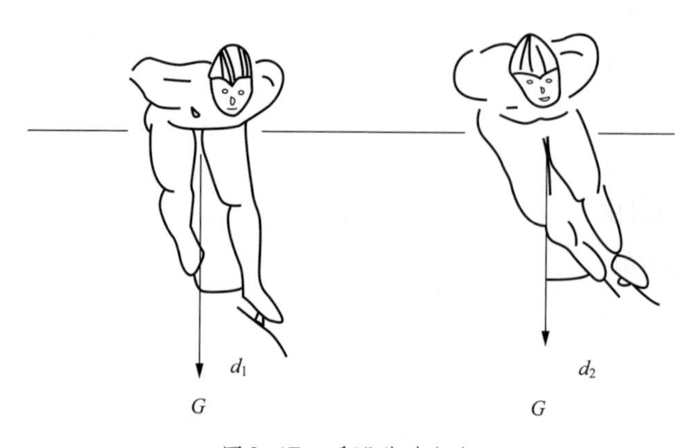

图2-17　浮腿移动方向

身体重量移到另一条腿上会引起第二个冰刀的支撑反作用力，这就改变了滑行条件，用另一条腿来支撑，可以防止身体重心的下降。如果此时冰刀滑行的方向与身体重心移位的方向相吻合，那么由于摩擦而造成的减速将是最小的。蹬冰腿的伸直和髋关节的微微外转是以脚的动作来结束（图2-18）。

图2-18 双支撑重心转移

此时蹬冰线的方向最为理想。这一动作对于运动员前进速度来说，只能使蹬冰腿在离冰之前增加速度，但是运动员的全身速度已经不可能有实质性的增大。在用等速滑跑时每一步伐中，自由滑行所失掉的速度由蹬冰滑行来补偿。关于蹬冰力量在动力描记图上的反映，可以通过冰刀给冰施加压力的曲线图来分析[6]（图2-19）。

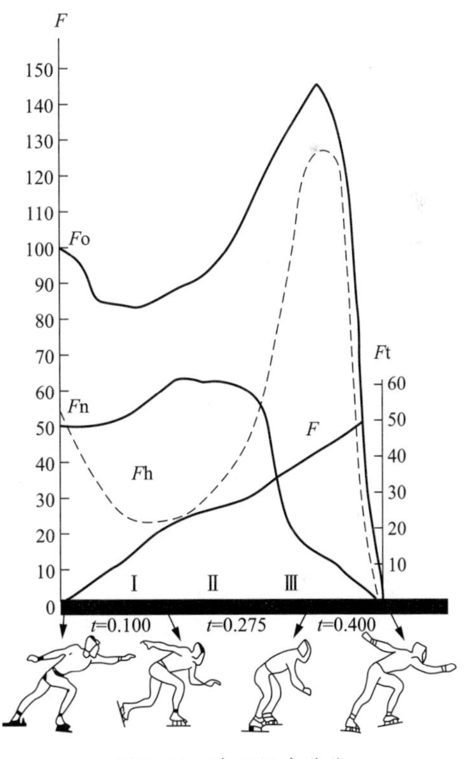

图2-19 冰刀压力曲线

施加在冰刀上的总力量（*F*o）在蹬冰的Ⅰ阶段期间，用力最初达到约100公斤，而到自由滑行结束时，减到80公斤（运动员的体重）。在开始自由滑行时，对冰刀起作用的不仅有运动员的体重，还有他的惯性。这些力量都是向下的，因此身体的速度是向上的。虽然，这一缓冲时的加速度

是由肌肉的制动力引起的。在蹬冰结束后，体重安全移到另一条腿上。肌肉可以制止下降，并且可以引起加速度（在自由滑行开始时达到最大）。可见，在冰刀负荷情况下缓冲在支撑蹬冰时就已开始了。

在单支撑蹬冰阶段期间，施加在冰刀上的力量会增加（500米可增加到145公斤），浮腿着冰时，力量达到最大。力量的增加具有不规则性：在单支撑蹬冰的第一部分力量增加较慢；在单支撑蹬冰的第二部分，力量增加特别快，力量明显地由脚后跟移向脚尖。在单支撑蹬冰第一部分，刀跟压力（*F*n）是50～60公斤，刀尖的压力（*F*h）是25～35公斤；在单支撑蹬冰第二部分，刀跟的压力降到20～15公斤，而刀尖的压力增加到125公斤。因此，支撑移到了冰刀的前端。这就是说，脚积极地参加蹬冰（在膝关节还没伸展之前）。在双支撑蹬冰时，施加在冰刀上的力量很快降到零。并且刀跟的压力几乎小于刀尖的压力十分之一。可以说，在双脚支撑蹬冰时，力量基本上是施加在冰刀尖上。在这个阶段的前半部分力量大于运动员体重，而在后半部分、力量降到零。由此可见，在双支撑滑行（0.1～0.2秒）时间内，力量由最大降到零。

施加在蹬冰脚冰刀上的力量大小也取决于第二次冰刀负荷的时间（图2-20）。在早期负荷的情况下，蹬冰脚的力量，开始下降较早，但也下降最大。

关于蹬冰的冲力（*F*t）是指在测定运动员速度增加的情况下，施加力量时间内起作用的程度。冲力直接与蹬冰力量的大小和蹬冰时间呈正比。全部冲力在数量上相等于力量图表上的面积，此面积由上面的力量曲线和下面的时间轴所限制。当直接往上蹬冰时，在图表上处于体重下面的冲力面积表明能够支持身体，但是当运动员成倾斜姿势时，对支撑的垂直压力变为小于体重。此外在第二次冰刀负荷的情况下，部分体重转移到冰刀的压力同样减小了。可见，要对推动运动员加速的那部分冲力进行测定是相当复杂的。运动员身体质量中心的移位可以加大重力与支撑冰刀间的力矩，而且可以增加水平加速度。与此同时，与重量冲力相均衡的蹬冰的冲力部分可以减少。因此，身体质量中心在一定的范围内移位越大，速度也就相应地越快[7]。

关于滑步结构，具有一种运动学特征和动力学特征，彼此联系，它们共同影响运动员速度。结构互相联系的程度可以用相关系数来表示。例如，可以肯定滑步的速度决定于步频和步长，但是在不同距离中速度不一样（图2-21）。

短距离的相关系数相当于0.94和0.85，中距离是0.96和0.93，而长距离

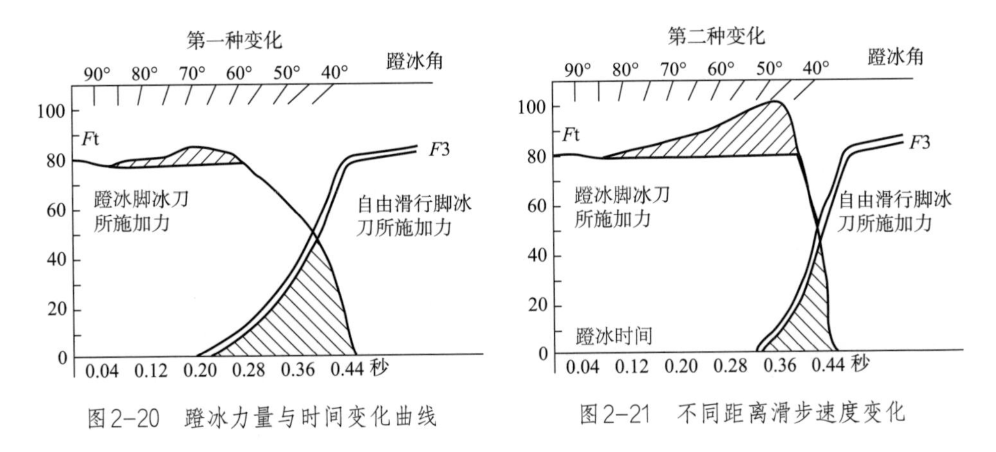

图2-20 蹬冰力量与时间变化曲线

图2-21 不同距离滑步速度变化

是0.94和0.95。速率对各种距离来说都是同样重要的，而从短距离到长距离提高步长的作用肯定是要比速率更重要。在滑步时间内的冲力作用显然在长距离（0.90）中要比在中距离和短距离（相当于0.84和0.82）中大，长距离蹬冰时间要比短距离长。

详细分析不同距离指数的相关形式可以仔细地分析许多主要的结构联系。根据这些联系，可以得出对不同距离对直道滑跑基本机制的基本要求。掌握和提高技术要按照动作标准形式（在准许的偏差范围内）的现代要求。在完成标准要求的基础上，还必须有技术基础（动作基本机制）的个别化以及适应比赛条件的能力。一些可以保证最理想的高速度的共同技术特点都应如此要求。

第三节 弯道滑跑的生物力学分析

做弯道滑行时，必须保证向心加速度。运动员身体向内倾斜时，对冰面产生向下和向外的压力，作用于冰刀的支撑反作用力（冰面对压力的反作用力）的方向是向上和向内的。这个力起到向心力的作用并决定了运动员身体重心的向心加速度。正是由于冰面的支撑反作用力，运动员的身体维持在曲线轨迹上而不离开它。

运动员做加速运动（向心加速度）时，他的身体将产生惯性，即与加速度相反的离心力。

在静止的坐标系中（与冰面有关的惯性系），描述运动员弯道滑跑动作时，应分析实际的惯性。身体每个环节的惯性作用于邻近的环节，而全身的惯性通过冰刀作用于冰面。可以想象，根据身体重心的惯性方向分析，运动员似应沿切线做直线运动，然而向弯道中心的支撑反作用力使运动员身体重心的轨迹弯曲。身体各部分实际惯性同身体重量一起作用于冰面。这些力的总和决定了支撑反作用力的大小（根据牛顿第三定律）[7]。

在运动的坐标中，同运动员本身有关的非惯性系，描述运动员弯道滑跑动作时，应分析虚构的惯性。这种惯性，不论是运动员各个环节还是全身体的，都作用于相应的质量中心。在运动坐标系中，它们不是因其他物体的作用引起的，所以牛顿第三定律在这种情况下不起作用。

惯性离心力公式：

$$F\mathrm{u}D = \frac{mv^2}{R^2} \tag{2-9}$$

式中：$F\mathrm{u}D$——惯性离心力；

m——运动员的质量；

v——速度；

R——弯道半径。

身体向弯道内倾斜度：

$$\mathrm{tg}X = \frac{G}{F} = \frac{mgr}{mY^2} = \frac{gr}{Y^2} \tag{2-10}$$

式中：G——自由落体加速度。

用两种方法（在惯性与非惯性参照系中）分析弯道动作具有同样的价值。在解决问题时要根据实际情况决定采用哪种方法。还有一个问题，那就是为什么运动员在身体倾斜度很大情况下而能保持平衡不摔倒呢？让我们用第二种描述方法分析一下虚构惯性的作用。

运动员以倾斜的姿势沿曲线运动时（图2-22），作用于身体重心的有重力（G）和惯性离心力（虚构的F_{NH}）。重力力臂（Fuc）对于对冰刀支点（K）来讲，等于重力和力臂（d）的乘积，这一力矩是指向弯道内倾倒的方向。惯性离心力（F_{NH}）的力矩对同一K点来讲等于惯性和力臂（Dy）的乘积。这一惯性力矩是指向身体向弯道外倾倒的方向。当这两个离心力作用于冰面，并朝弯道外面的方向（以水平来说）运动时对冰面产生了侧向压力（图2-23）。动态平衡保证了重力（*Gd*）与F_{NH}及*Fuc*一对力的平衡。

无论用哪种方法描述，都要注意，运动员不是沿弯道曲线均速滑行，而是靠蹬冰使身体重心轨迹弯曲，并力争加快或保持前进的速度。

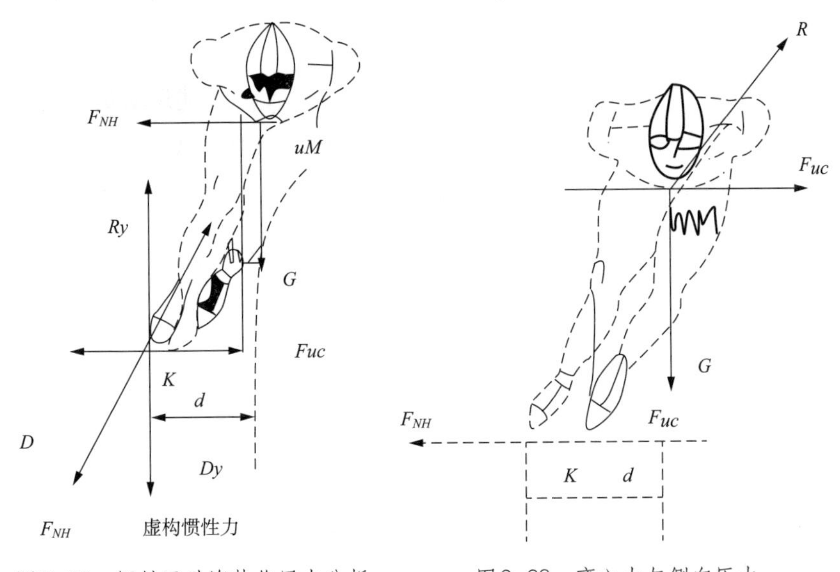

图2-22　倾斜运动姿势作用力分析　　　　图2-23　离心力与侧向压力

第四节　直道滑跑的生物力学分析

直道滑跑的基本动作是由自由滑行和蹬冰滑行所组成。在每一个滑步中，先用单腿滑，而后用双腿滑，这就是单支撑时期。运动员每做一系列动作后又回到原来的姿势，这一系列动作就构成了直道滑跑的一个周期，其中包括两个滑步。除两腿动作外，力矩相等时，产生动态平衡，使运动员能倾斜地沿弯道曲线滑行而不向外摔倒。这时对冰面的压力（*D*）产生支撑反作用力（*R*），其垂直分力：第一个（*Dy*）压向冰面，第二个（*Ry*）阻止运动员身体向支点外倾移动。压力的水平分力（F_{NH}）使冰刀切入冰面，其反作用力（*Fuc*）使运动员身体重心的轨迹弯出。这样不仅保证了动态平衡，也保证了向心加速度。

如果用静止坐标系（惯性系）来描述运动员弯道滑跑的动作，那么加于他身体重心的力包括身体的重力（G）和移到此处的支撑反作用力（R），加于身体重心的这些力的合力（Fuc）将造成向心加速度。此外，还有运动员身体的惯性（F_{NH}，实际作用力）以及运动员摆臂力（单臂或双臂摆动）。因此，滑步的结构总力包括保证运动员达到最高速度的两腿和两臂的协调一致时全身力的集合。

这样，我们可以清楚地知道，直道滑跑由一个周期、一个复步（包括两个滑步）组成。一个滑步又分为单支撑时期和双支撑时期。单支撑时期还包括自由滑行和单支撑蹬冰两个阶段，双支撑期包括双支撑蹬冰阶段。总之，一个周期由四个时期、六个阶段、十二个动作组成。

为了分析和研究滑步的结构，我们将复杂的直道滑跑动作划分为各单个动作，按各时期、各阶段来详细分析动作技术。

一、滑步的各阶段

阶段是动作的时间因素，是在时间上划分出来的一部分动作。它包括动作性质不发生重大更换的一段时间内身体各部分完成的动作。每个阶段都有其开始和结束，即阶段界限。为了对不同滑步和不同运动员的各阶段进行比较，人们根据明确限定的标志规定了各阶段的界限。当动作发生重大变化时，一个阶段就取代另一个阶段，即阶段交替的时机到了。每个阶段都持续一段时间，但阶段交替却是瞬息间进行的（阶段交替时没有持续时间）。各阶段交替时机（分界时机）与一定姿势相对应，这种姿势叫作分界姿势，它的意义很重大。阶段开始的分界姿势就是完成该阶段动作的开始姿势，即前一阶段的结束姿势是后一阶段的开始姿势。根据分界姿势，可以非常准确地判断前一阶段完成情况以及下一阶段可能完成情况。

二、滑步的节奏

一个滑步由两个基本动作组成，即自由滑行（相对被动运动）和蹬冰滑行（主动运动）。这些动作是按一定时间顺序交替进行的。动作延续时间之比是运动时间节奏指数。运动节奏是否达到最佳程度是衡量速滑技术是否精湛的重要标志。

分析滑步的节奏，就要明确自由滑行和蹬冰滑行在时间因素中的辩证关系。自由滑行的长短会影响步伐节奏，影响到积极蹬冰与消极滑行的时间长短关系。随着蹬冰相对长度的增加（节奏指数增大），滑步的频率在加快，速度也增大。动作节奏的改更，是相对较长的蹬冰造成的，即在相对较短的自由滑行时，每一滑步所用的时间减少了，滑跑速度就增加了。

在一个滑步固定的情况下，会产生相对较长时间的蹬冰与相对较短时间的自由滑行，这是增加速度的原因。如果单纯地增加滑步频率，不更改动作节奏，不可能增加滑跑速度。因此，在主动和被动运动中，推进力的合理利用程度、减少阻力的效果取决于合理的运动节奏。只有达到最佳的运动节奏，才能保持最佳的滑跑速度。

第五节　直道滑跑的技术分析

一、直道滑跑的六个阶段

直道滑跑包括自由滑行、收腿动作、单支撑蹬冰、摆腿动作、双支撑蹬冰、下刀动作这六个阶段。下面分别描述。

（一）自由滑行

自由滑行阶段自蹬冰刀离冰开始，到开始移动重心结束（图2-24）。自由滑行的基本任务是：①利用前一次蹬冰产生的速度。②准备下次蹬冰。

为了正确发挥已获得的速度必须注意做到：①减小空气阻力（降低滑跑姿势）。②不使冰刀与冰的摩擦力增大（不要增大向下的惯性）。③找出自由滑行的最佳持续时间。自由滑行开始时，运动员利用冰刀的外刃或平刃滑动。此时，身体重心在冰刀支点中心的上方（在冰刀的中间或稍后部位的上方）。自由滑行结束时，支点由冰刀的平刃移到内刃上，此时，身体重心开始向蹬滑腿的另一侧移动，这时也正是蹬滑开始的分界姿势。

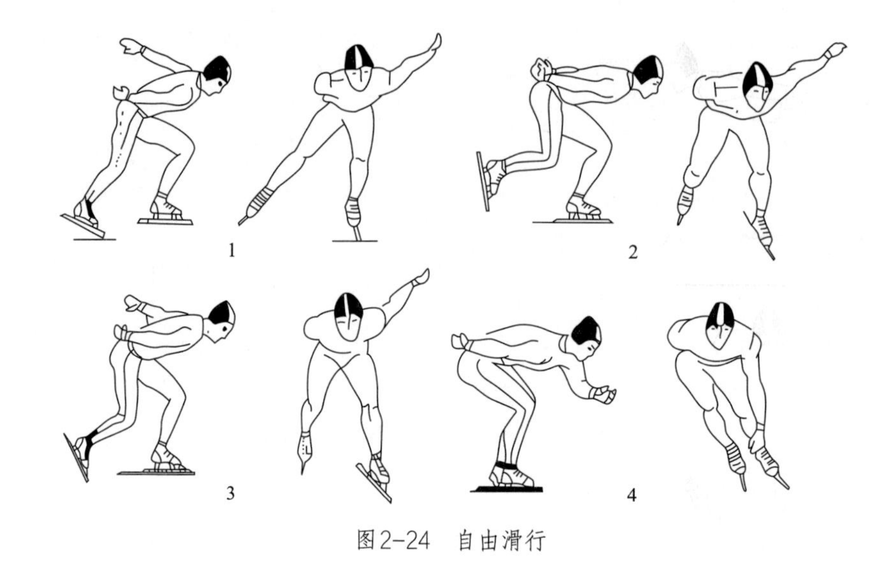

图2-24 自由滑行

（二）收腿动作

在自由滑行的同时，运动员收浮腿。蹬冰腿结束蹬冰动作，伸直所有的关节并离冰时，收腿开始。腿收到身体重心面的某一点时，收腿结束（图2-25）。收腿的基本任务是放松浮腿肌肉。此时，身体重心牢固地控制在支撑腿上，取得较稳定的动力平衡。

最初的收腿动作，是借蹬冰结束时肌肉紧张的余力，腿向侧上方略抬起，被拉长的大腿拮抗肌和腿的重力会制止这个动作；于是，腿开始向前下方及中心面移动，此时浮腿逐渐屈膝、踝关节跖屈、脚下垂、肌肉大大放松，因而收腿时腿的动作方向是有变化的，基本是以大腿带动小腿，大小腿保持在一个平面收回到身体的中心面。浮腿位于中心面的旁侧，所以支撑腿可以向支点以外倾斜，运动员得以在支撑刀上保持平衡，这时用冰刀的外刃支撑，身体重心在它的上方。如果蹬冰后身体重心投影不达支点，支撑腿将不是向外倾斜，而是向内倾斜，并且支点将不是在外刃上，而是在内刃上，因而运动员处于不稳定状态。这会导致严重的错误——“反支撑”（图2-26）。

其结果是立即产生一个支撑反作用力，阻碍运动并降低速度。浮腿收向中心面要做得要快，这个动作能促使身体其他部位向蹬冰一侧的方向移动。如果运动员开始失去平衡，（向外倾斜）则用力向内收腿可迅速恢复平衡。收腿结束应与开始移动重心及改用内刃支撑时间相一致。蹬冰开始时，收腿应结束。这个动

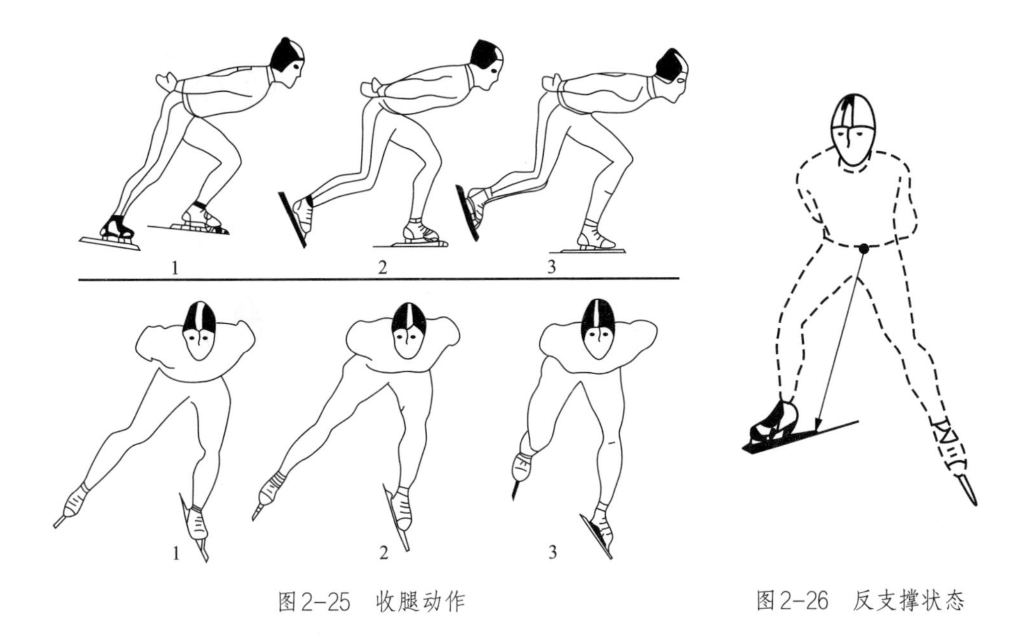

图2-25 收腿动作

图2-26 反支撑状态

作需要快速但不能猛烈，并且不一定要走直线，可以走弧线。

（三）单支撑蹬冰

从开始横向转移重心起，到浮腿冰刀着冰为止（图2-27）。单支撑蹬冰的基本任务是加大蹬冰时的水平分力，从而加大身体前进的推进力，使蹬冰腿做有效的蹬冰动作。

图2-27 单支撑蹬冰

单支撑蹬冰是从开始横向转移重心开始（向蹬冰腿的反方向），此时冰刀变为内刃支撑滑行。冰刀的轨迹与身体重心在冰上的投影开始分离，冰刀向外离去（滑离），而身体重心投影向蹬冰腿对侧离去，随着身体体重力臂的加大（与冰刀相对而言），垂直刀刃的支撑反作用力的水平分力也加大，重力用来加速蹬冰动作。此时，腿的伸展顺序是先伸髋、压膝、压踝，然后再用力伸膝关节，并且使浮腿尽可能晚着冰（浮腿并不是消极等待，而是加速向前摆腿、加长频步距离的结果）。髋关节的肌肉积极用力有助于移动中心，使之加快移动，蹬冰线越来越向水平面倾斜（蹬冰角缩小）。当蹬冰角呈锐角时，用力伸展膝关节，蹬冰腿的肌肉全部收缩，虽然一开始伸展速度还不大，然而加速度很大。正是这一部分蹬冰动作使运动员滑跑速度增长得最快。

（四）摆腿动作

运动员在进行单支撑蹬冰动作的同时，浮腿作摆动动作。摆腿动作从浮腿离开中心面摆向移动中心方向时起，到冰刀着冰止。摆腿动作的基本任务是：①有助于加速移动身体重心。②增强蹬冰腿的蹬冰力量。

摆腿动作应是增加速度的。浮腿保持膝关节弯曲，并以大腿带动，膝盖积极加速地摆向身体重心移动方向的侧前方，并以大腿明显做向上的摆动。这样的摆动姿势，有助于较快地移动重心和准备强有力的伸膝蹬冰，并加大了浮腿摆动幅度。在加速摆腿的条件下，与加速度相反的浮腿惯性可加大蹬冰腿的负荷，使其肌肉更加紧张，以保证蹬冰更强而有力。移动重心和同时，摆腿是滑跑的主要动作，因为它们多半能解决主要的积极动作——即用冰刀蹬冰的效果。

（五）双支撑蹬冰

双支撑蹬冰阶段自浮腿着冰开始，到蹬冰刀刃离冰结束。双支撑蹬冰阶段的基本任务是用蹬冰腿完成蹬冰动作。这就要求浮腿的冰刀着冰的方向与身体重心移动的方向一致，并且在滑进的同时将支点移到冰刀上，蹬冰腿伸直膝关节以及踝关节，结束蹬冰动作。

双支撑蹬冰动作（图2-28）开始时，蹬冰腿继续用力加速伸展膝关节，蹬冰刀明显地滑向一侧，因而蹬冰角缩小。这在某种程度上会更加减小冰刀对冰的总压力，这是由于蹬冰速度加快的缘故。压力重心移向冰刀的前部。踝关节跖屈，腿充分伸直，冰刀外转。

（六）下刀动作

图2-28 双支撑蹬冰

在双支撑蹬冰的同时，支点向触冰的支撑腿转移（负重），支撑腿负重的界限与双支撑蹬冰的界限完全一致。也就是说，浮腿冰刀从着冰开始时刻起到完全负担体重为止的过程，为下刀动作过程。

下刀的基本任务同双支撑蹬冰阶段的任务。下刀动作应这样来完成：冰刀负重前，必须在尽量靠近身体重心投影处，顺身体重心运动方向，浮腿以膝盖领先，大腿向前上摆动（不要伸小腿），冰刀要以外刃或平刃着冰，随着蹬冰腿的快速蹬直，体重也按蹬冰的节奏迅速移到该刀上来，其结果可能产生惯性。在蹬冰腿积极伸展的影响下，身体各部分动作引起加速度，就会产生惯性。

二、直道滑跑的摆臂与全身配合

直道滑跑各动作间的配合关系，即两腿的配合、上体与腿的配合、臂与腿的配合。

（一）两腿的配合

速度滑冰两腿动作的配合关系是按其一个复步的四个时期、六个阶段、十二个动作，依次循环来配合的。动作的配合是：自由滑行与浮腿的收腿动作相对应，如图2-29所示的1、2；单支撑蹬冰与浮腿的摆腿动作相对应，如图2-29所示的2、3。

单支撑蹬冰与浮腿的摆腿动作相对应，如图2-29所示的3、4。运动员每条腿要依次做下列动作：自由滑行、单支撑蹬冰、双支撑蹬冰、收浮腿、摆浮腿、下刀。

图2-29 双腿的复步配合

（二）上体与腿的配合

在直道滑跑时，运动员的上体、臂部与腿的配合关系主要表现在蹬冰过程中，至于在自由滑行、收腿动作和下刀动作的过程中，运动员的上体和臀部应保持和滑跑方向一致，即鼻、膝、刀尖这三点呈一线。

上体、臀部在蹬冰过程中与腿的配合是：当进入单支撑蹬冰阶段，运动员的上体、臀部向蹬冰的相反方向的一侧做横向和纵向的水平移动，此时横向大于纵向，把全部的体重控制在蹬冰腿上。当蹬冰结束后，体重才转移到新的支撑刀上，整个上体和臀部又沿着新的滑跑方向随支撑冰刀向前运动。

（三）臂与腿的配合

在谈臂与腿的配合之前，先谈谈摆臂动作。摆臂的任务是向身体重心移动的方向摆臂，可以加快移动重心，并加大移动重心的力量，加强蹬冰的效果。

摆臂的方法：左臂成直臂从后高点回摆经下垂点时微屈，然后摆向右前方至前高点时，肘尖不超过身体重心线；右臂从前高点先作伸臂摆到下垂点时，成直臂摆向右后上方至后高点，一般应与肩齐平或略超过肩。也有采用屈臂摆动或前后摆动的摆臂方法。

臂的摆动分为单摆臂与双摆臂。单摆臂一般用于中、长距离，双摆臂一般用于起跑、短距离滑跑和终点冲刺时来提高速度（图2-30、图2-31）。

图2-30 甩臂与腿的配合

图2-31 屈臂前后摆动

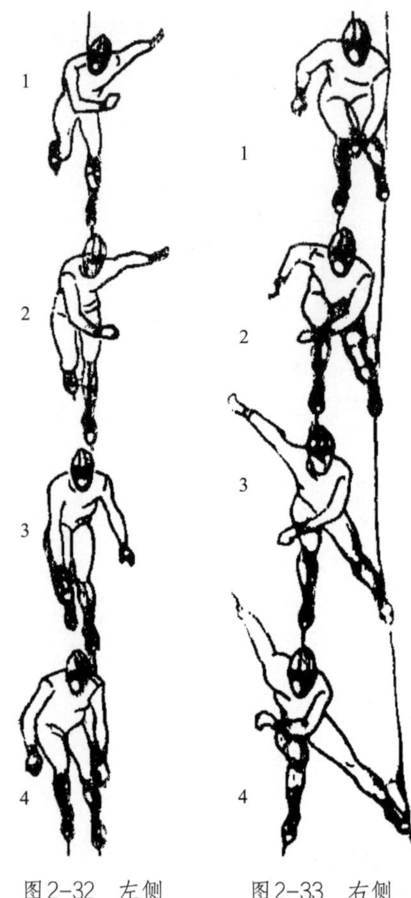

图2-32　左侧双摆臂

图2-33　右侧双摆臂

摆臂的动作机制：向蹬冰异侧的加速度方向摆臂，会产生方向相反的惯性，这种惯性可加大腿部肌肉的负荷和蹬冰的力量。因此，可以提高蹬冰速度和缩短周期的时间，周期时间缩短又可加快滑步速度、提高步频。双臂摆动的作用比单臂摆动的作用大。但是，双臂摆动时，滑步速度虽然较快，却会引起较大的疲劳。

臂与腿的配合关系是：当左臂摆至右前上方、右臂摆至右后上方时，左腿正处于结束蹬冰阶段，右腿处于承接体重变换支点阶段。当然，右臂回摆至下垂部位时，右腿处于收腿结束阶段，右腿正处于开始单支撑蹬冰阶段；当左臂摆至左后上方，右臂摆至左前上方时，左腿处于下刀后变换支点阶段，右腿处于结束蹬冰阶段（图2-32、图2-33）。

臂与腿的一切动作都是密切相关、互相影响的。能否达到最佳速度，就要看它们的配合程度，在空间和时间上是否做得准确，用力是否适当。当然，由于滑跑的条件、个人特点（其中包括技巧水平）不同，速滑运动员的动作结构也会明显地变化。在部分距离（直道或弯道）或全程的滑跑中，都可能发生重大变化。

第六节　弯道滑跑的技术分析

弯道滑跑与直道滑跑的技术不同，因为运动员在弯道滑跑时一直朝内倾斜并用双腿做交叉动作，轮流蹬冰。

一、弯道滑跑技术特点

（1）在弯道滑跑时，必须处理好身体倾斜度（向左倾斜）、滑跑速度和弯道半径之间的关系。弯道半径越小，滑跑速度越快，身体的倾斜度越大（相对于垂直轴）；反之，则越小。这是因为身体倾斜度的大小与滑跑速度平方成正比，与弯道半径成反比。

（2）弯道滑跑的平均速度比直道快，在弯道滑跑时，始终采用向左倾斜姿势，身体重心投影位于圆弧的里侧。例如：运动员在小弯道滑跑时，弯道长是80.11米，但运动员身体重心运动的距离比实际弯道距离少1.15米左右，尽管在弯道滑跑时，运动员的身体重心的运动轨迹还不完全与弧线相配合，形成切折线的轨迹，但同直道距离相比还是少的。因此，弯道技术越好，向左倾斜度越大，滑跑速度越快，而实跑距离相对于直道越短。而在弯道弯跑中，因倾斜度比直道大，支撑腿的动态压力比直道大，蹬冰的平均速度就比直道快。

（3）在弯道滑跑时，身体姿势始终保持向左倾斜状态。双腿交替向同一方向右倾，左脚刀以外刃、右脚刀以内刃成交叉步蹬冰。

（4）在速度较快的弯道滑跑中，是没有自由滑行阶段的。只有滑冰新手或在速度不很高的弯道滑跑中，才可以像直道滑跑那样，可能看见自由滑行阶段（无蹬冰动作）。

二、弯道滑跑技术分析

弯道滑跑的每一个滑步可分成两个蹬冰阶段：单支撑阶段和双支撑阶段。两腿交替重复一次又回到原来的姿势，就构成了弯道滑跑的一个周期。该周期包括两个滑步、两个单臂或双臂的摆臂动作，这就构成了弯道滑步的结构。这样我们可知，弯道滑跑的一个周期为一个复步（包括两个滑步），一个滑步又分为两个阶段，单支撑阶段和双支撑蹬冰阶段，以及浮腿的摆腿动作，双支撑蹬冰阶段包括双支撑蹬冰和下刀动作。即一个周期由四个阶段、八个动作组成（图2-34）。

图2-34 弯道滑跑动作

（一）弯道滑跑的各阶段

（1）单支撑蹬冰阶段。单支撑蹬冰阶段自蹬冰腿离开冰面起到重新着冰止。单支撑蹬冰阶段的基本任务是完成蹬冰腿的大部分周期，为肌肉较好地用力准备条件，减小摆动腿肌肉的紧张程度。单支撑蹬冰比双支撑蹬冰更能提高运动员的速度，在此阶段中，腿部关节应采用能产生最大力量并达到最快速度的角度。

（2）双支撑蹬冰阶段。双支撑蹬冰阶段自摆动腿着冰起，到蹬冰腿离开冰面止。双支撑蹬冰阶段的基本任务是：摆动腿朝运动员身体中心移动的方向着冰，蹬冰腿蹬稳后完全伸直，用支撑冰刀的中部完成蹬冰动作。要求摆动腿着冰方向同身体重心运动的方向一致，如果违反这一点，冰刀对冰面的摩擦力将增加数十倍，速度将会受到很大影响。如果在双支撑蹬冰结束时，蹬冰腿没有完全伸直，那么将会使蹬冰的很大一部分力量在较为有利的条件下（以锐角角度朝中心运动方向蹬冰）得不到利用。而在此条件下，只有不大的一部分力量会用于切冰，而不是用于提高速度。

（二）弯道滑跑中腿的动作

在弯道滑跑中，左、右两腿的动作不是对称的，下面将分别分析每条腿的动作特点。

（1）左腿单支撑蹬冰动作。左腿单支撑蹬冰动作自右腿离开冰面起到重新着冰（摆动）后止。在身体重心向左倾斜的同时，左冰刀沿着与弯道弧的切线平行的方向滑行。此时腿只在髋关节处开始伸直，使身体重心的轨迹向弯道内偏斜。此时支撑腿小腿前倾，踝关节与膝关节同时深屈。当摆动腿（右腿）经过蹬冰腿（左腿）时，蹬冰腿的膝关节开始积极伸直，此刻运动员腿部力量达到最大值。这个蹬冰动作是当冰刀离弯道圆周向前向外的方向滑行及其支撑部分与腿呈直角时做出的。

（2）右腿的摆腿动作。左腿开始蹬冰时，已完成蹬冰动作的右腿正在身体右侧悬空，膝部微屈（图2–35），以使肌肉适当地放松。在重力和内收肌的作用下，右腿开始向左腿的右前方，朝着支撑腿加速摆动。在右腿交叉过左腿时，小腿落在大腿后面，冰刀尖朝下向左运动并超过右脚刀尖。右腿交叉移动使蹬冰角迅速减小。摆动动作的速度对弯道滑跑的节奏与速率都会影响，冰刀的刀刃切冰力在此时发挥着重要作用。

（3）双支撑阶段的左腿蹬冰动作。自右腿着冰起到右腿离冰止，如图2–35中6所示。此阶段左腿膝关节继续积极伸直，左腿一边伸直一边以较小的角度蹬冰。蹬冰结束时，左冰刀的位置在上体的右后方（呈交叉步姿势）。当踝关节积极伸直时，蹬冰动作结束，蹬冰腿的冰刀离开支点，腿完全蹬直。

（4）右腿下刀动作。右腿冰刀在左冰刀的左前方以内刃着冰。运动员开始朝着与弯道弧切线平行的方向滑行。右腿的膝关节由于身体重量移到该腿上而弯曲，当左腿蹬冰结束时，身体重量全部移到右腿上。此时，右冰刀应处于重力离心力的合力方向，否则，运动员有可能朝弯道内或弯道外摔倒。

（5）左腿摆腿动作。自左腿冰刀离开冰面开始，到重新着冰为止，如图2–35中9～15所示，蹬冰后，左腿肌肉放松，膝关节微屈，由于重力和股内收肌的作用，左腿摆动并加快向右腿移动。左腿紧贴冰面先向左前方，再略向上摆动，这一动作促使蹬冰角度减小，从而为加速右腿伸直的速度创造条件，摆腿动作的加速完成就会使速度得到提高。

（6）右腿单支撑蹬冰动作。左腿开始摆腿时，右腿冰刀正在沿着弯道弧切线方向滑行并逐渐离开雪线，而身体中心却沿着另一个切线方向开始移动。冰刀与身体中心运动的方向不尽相同。此时，应使右腿在开始做蹬冰动作时具有所必要的屈膝。最有力的蹬冰动作在摆动腿与蹬冰腿交叉时发生，这时，髋关节和膝关节积极伸直，右腿以冰刀内刃中部向右前方滑行，并且越来越向冰面倾斜，以使自己能够更好地利用蹬冰力量。

（7）双支撑阶段的右腿蹬冰动作。自左腿着冰起，如图2–35中16所示，到右腿离冰止。左腿着冰时，右腿冰刀与其形成一定角度并稍靠后滑行，冰刀尖外转。这样便迫使运动员的腿更加积极伸直，否则它会失去支撑。腿向冰面倾斜，

图2-35　弯道滑跑中腿的动作

运动员一边蹬冰一边继续滑行。如果冰刀跟不上身体的运动，必须更快地完成蹬冰的最后用力动作。踝关节积极伸直时蹬冰结束。

（8）左腿下刀动作。左腿冰刀以外刃在身体重心投影点处着冰。支撑点落到冰刀的外刃上，并从冰刀着冰时一直延续到身体重量移到腿上为止，违反这一要求就会降低速度。

三、弯道滑跑的摆臂与全身配合

（一）两腿的配合

弯道滑跑两腿动作是按其一个复步的四个阶段、八个动作的依次循环来配合的。动作的配合是：左腿单支撑蹬冰动作与右腿的摆腿动作相对应；左腿双支撑阶段的蹬冰动作，与右腿的下刀动作相对应，而右腿的动作恰恰与左腿相反。运动员的两腿要依次重复这些相对应的动作。

（二）上体与腿配合

由于在弯道滑跑中，左右腿的动作不是对称的，因此上体与腿的配合也有各自的特点。

左腿蹬冰与上体的配合，左腿单支撑蹬冰开始，上体保持向左倾斜，姿势同左冰刀滑行的方向一致。随着加速摆动右腿，加速了身体中心移动的速度并加大了向左倾斜角度。这时左冰刀在左前方着冰，上体的方向离开了冰刀滑行的方向与滑冰的刀体形成一定的夹角，两腿成交叉姿势。此时左腿应快速伸展膝、踝结束蹬冰。此刻上体必须与新的支撑冰刀方向一致，该方向应当朝着重力和离心力的合力方向，否则就不能保持向左倾斜的动态平衡。

右腿蹬冰与上体的配合，右腿单支撑蹬冰动作，上体与冰刀的滑行方向一致，但随着右冰刀滑离雪线和右腿的摆腿动作，上体会很快离开支撑冰刀并朝着新的切线方向移动。当左冰刀收至交叉部位时，正是上体与支撑刀形成一定的夹角时刻。当右腿着冰，上体是朝着左冰刀方向（新的滑行方向）并与右冰刀形成明显的夹角。此时右刀靠后刀尖外转，必须快速蹬接右腿，否则就会失去支撑。当右腿结束蹬冰时，上体又和右冰刀的滑行方向一致了。

（三）臂与腿的配合

弯道的摆臂不同于直道，左、右臂的摆动方法也是不一样的。从右臂来看，向前摆至左前方，使手、鼻、膝、刀四点成一线。此时它的作用同直道一样，起加速移动身体重心和加大摆动惯性增加蹬冰力量的作用。其不同之处在于摆至后高点时，要做到向后侧而不要向前侧摆动，后摆时也不要超过身体，这时它只起到协调和维持身体平衡的作用。从左臂来看，它的摆法是大臂靠近身体不动，只

做小臂顺躯干的前后摆动，其主要起到协调作用。

至于臂与腿的配合，在分析滑步的动作时已经说明。这里只强调一点，靠蹬冰腿滑离弯道圆周的左方向、移动浮腿和水平抬臂是加速移动身体中心、提高蹬冰效果的重要因素。一般在中、长距离，大都采用弯道的单摆臂，只有短距离才采用双摆臂。

四、进出弯道的技术

进出弯道技术是顺利地滑进和滑出弯道。要充分利用弯道滑跑增速的因素（动态压力、离心力的作用）；处理好滑速、倾斜度和圆弧之间的合理关系，做到深入、紧贴、晚出弯道（滑够弯道的实际距离），从而达到保持和增加滑跑速度的目的。

（一）进弯道技术

首先要选好入弯道的切点。一般是左脚冰刀在直弯道交界线前完成蹬冰，右脚冰刀在离雪线0.5～1米处（根据长、短距离而定）滑入弯道。这一步与以前不同，方向是朝前而不是朝右，此时，运动员整个身体顺势果断地向左倾斜，左冰刀以全外刃，一般在直弯道交界线5～6米处贴紧雪线下刀。左脚下刀动作，要准确而适时，做到倾斜度、弯道圆弧和滑跑速度相一致。此时还必须做到加大右腿的小腿前倾，在髋关节既前送又左倾，在身体重心迅速落在左冰刀外刃时开始蹬冰（图2-36）。

图2-36 进弯道滑跑动作

进弯道前要有意识加大蹬冰力量，一般都采用单摆臂，使运动员得到由直线进入弯道前的最佳速度，从而加大向左倾斜，也得到了进入圆弧运动必不可少的向心力。

（二）出弯道技术

与进弯道技术一样，先必须选好出弯道点，一般都在直弯道交界线后8～10米处才能保证滑够弯道的实际距离。弯道滑跑中的最后一步是左腿冰刀用外刃在身体重心投影处着冰。右腿完成蹬冰动作后，身体中心向右前方移动，左腿冰刀变成内刃。与此同时，右腿收回到运动员身体重心上，并随着左腿蹬冰动作的开始，摆动并前提用平刃或外刃在身体中心投影处着冰。以后的动作同滑跑直道一样。应该强调的是，出弯道的第一个复步节奏要明显拉长，利用滑跑弯道已获得的惯性速度来放松一下，作为直弯道的过渡和小憩。

第七节 速滑运动中起跑、疾跑与终点冲刺阶段的生物力学分析

一、起跑

起跑是滑跑的开始。是指运动员前腿迈出第一步，后腿蹬离冰面而言。起跑的任务，是要使身体迅速摆脱静止状态，获得向前的巨大冲力，为起跑后很快发挥高速度创造有利的条件。正确及时地起跑在很大程度上决定了滑跑的效果。

为了完成上述任务，速滑运动员应具备三种能力：

（1）快速地反应。

（2）有效地起动。

（3）很快地获得速度。

通常，运动员采用正面和侧面两种起跑方法。

正面起跑：包括丁字站立、八字站立、点冰式站立和蛙式起跑等。

侧面起跑：两刀平行与起跑线一定角度的侧向站立。

下面我们以正面点冰式为例，来详细分析起跑的各部分动作。

（一）各就位

各就位时，运动员的两刀位置位于同一侧向起跑，此时应先找好后脚刀的位置，一般刀跟在起跑的预备线左右，以内刃牢固支撑。然后，将前脚刀尖紧贴起跑线，压入冰面成正面点冰，前脚准备动作，身体前倾，重心前移。此时重心稍偏于前脚刀，后腿微屈或伸直，上体基本在后腿的延长线上，头不偏离身体总轴。左臂屈于体前，右臂自然下垂或略后举，两刀牢牢地咬住冰面，静止不动。成各就位姿势后，冰刀间的角度约为50°～70°，两刀相距35～55厘米，前脚刀与起跑线为66°～70°，后脚刀成10°～15°（图2-37）。

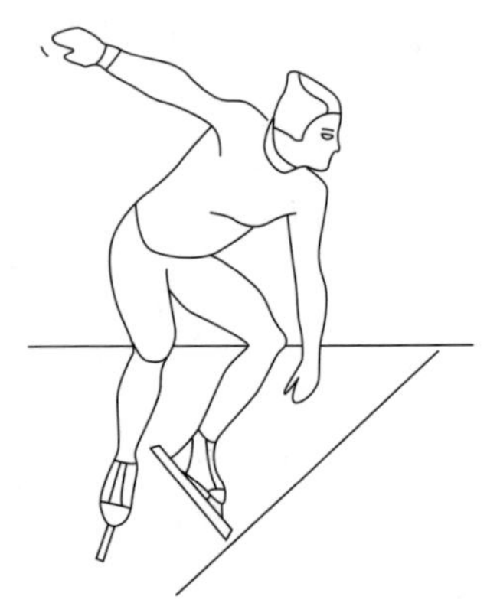

图2-37 各就位姿势

（二）预备

预备姿势的身体中心前后位置基本同各就位姿势，只是腿屈膝下蹲，两腿的蹲屈度适中。此时，参加蹬冰的肌肉群处于拉紧的状态，静止不动，全神贯注等待枪声。这种预备姿势的特点在于：蹬冰时身体重心轨迹变化较大，蹬冰角度较小。运动员在合理的限度内，将支撑点相对向前移，采用较低的姿势。

（三）起动（鸣枪）

鸣枪后，运动员后腿迅速蹬直，前腿向侧前方摆腿的同时，一边摆动，一边做冰刀外转、小腿自然收回的动作。两臂前后摆动，上体略向前倾。

二、起跑后的疾跑

（一）起跑后的疾跑技术

起跑后，最初一段距离的滑跑叫作起跑的疾跑，其技术与途中滑跑不同，如图2-38所示。

图2-38　起跑后的疾跑

疾跑段大约有8～10步。然而，在离起点大约30～90米的范围内，运动员才能将速度提高到途中滑跑的速度。因此，准确的滑跑阶段很难确定（因人、项目不同而相应不同）。有相当一段距离是疾跑向途中滑跑的过渡段。由此可见，通过疾跑还达不到途中滑跑所需要的速度，它只是向途中滑跑技术的过渡阶段而已。

疾跑的最初一段技术：该阶段入冰轨迹短而深，没有自由滑进，运动员滑跑姿势比中滑跑姿势略高，但前倾较大（上体和腿、髋几乎呈一条直线）。蹬冰快速有力，是向后下方用力蹬冰，因此，身体重心垂直移动较大，且有跳跃腾空阶段。此时，步子频率快而不做急剧改变，但随着疾跑段落加长，以后才有较短的滑行冰迹。冰刀的开角由第一步的90°减小到第四步的20°～30°。在弯道或靠近弯道起跑时一样，疾跑是沿弯道进行的。这时应当保持左腿和右腿动作的正确性（和弯道滑跑时一样）。疾跑应合理地分配力量，不要过分用力从而造成跳跃性过大消耗过多的体力。

衔接：把已获得的疾跑速度过渡到本项目的途中滑跑是衔接技术。它的主要技术要求是，利用惯性滑跑3～4个单步，形成途中滑跑时所需要的姿势。为了保持和进一步提高已获得速度，在过渡性滑跑中，要有一个明显地平刃滑行。当平刃自由滑行动作过渡到内刃支撑，并感到有稳固的支点时，疾跑就转入了途中滑跑。

（二）疾跑的分类

运动员起跑后，获得最大限度的向前冲力而转入疾跑。疾跑的任务是在最短距离内发挥出本项目的最佳速度。疾跑技术有三种方法，即切跑法、滑跑法和扭滑法。

1. 切跑法

切跑法适合于腿部力量较强，灵活性较好的运动员使用。其优点是：起速快、加速度大。缺点是：消耗体力大，疾跑过渡到途中滑跑的衔接技术不好掌握。

2. 滑跑法

滑跑法通常在长距离比赛中使用，对灵活性较差和运动新手最为适宜。其优点是：稳定、消耗体力较小、疾跑与途中滑跑之间的衔接较容易掌握。缺点是：起速较慢。

3. 扭滑法

扭滑法是切跑和滑跑法的结合体。它具备了前两种的优点，克服了前两种的缺点，是效率较高的一种疾跑方法。

三、终点冲刺

终点冲刺是全程滑跑的一部分，在全程的最后段，运动员在越来越疲劳的情况下，努力保持该项跑程最合理滑跑技术，也就是运动员用最大的力量跑完全程的结束段（终点冲刺）。

冲刺距离的长短取决于滑跑项目及运动员训练水平。项目的距离越长。在终点冲刺时段就越长。运动员必要时可以改变滑跑姿势，缩短自由滑行的距离，以便尽可能地提高速度。因此，在所有的比赛项目中，通常在终点冲刺时，运动员都像滑跑五百米那样采用双摆臂（图2-39）。

图2-39 终点冲刺双摆臂

第八节 各项目途中滑跑技术的特点

速滑运动的每个项目，因其距离不同所以对运动员的力量、速度和耐力的要求也不同。这就要求在保持一般技术原理基础上，来改变滑跑技术：改变影响最佳速度滑跑姿势的高度，滑跑的步频和步长，以及每个周期内的动作节奏。

一、500米途中滑跑技术的特点

（一）直道

1.姿势

运动员是以深屈膝（自由滑行阶段屈膝角度可达到90°）的低滑跑姿势进行500米滑跑的。采用这样低的姿势就为强有力、效果高、幅度大的蹬冰动作创造有利条件，同时也减小了空气迎面阻力的横切面，以最大速度完成全程滑跑。

2.蹬冰

在直道滑跑时，与收腿相比，蹬冰在一个滑步中占去较大一部时间（0.325～0.425秒），即达77%。蹬冰动作是从身体重心移向将要蹬冰的反方向开始的，此时快速收摆浮腿对此有帮助。支刀改变方向（向外转），可以大大加快移动重心的速度。应该指出，随着速度增加，冰刀的外转角随之减小。滑跑速度越大，冰刀外转角度越小。也就是说较长的箭步，适合较短的蹬冰幅度。这是短距离滑跑的特点之一。借助开始积极移动重心的这个动作，可以缩短自由滑行阶段（0.100～0.215秒，即整个滑步时间的23%以内）躯干移至较小角度的时间，自由滑行阶段的缩短可以保持速度并为显著加快步频创造条件。短距离500米的蹬冰动作具有爆发用力的特点[8]。

3.摆臂与下刀

在500米全程滑跑中，为了使施力路程长而有效，运动员都采用双臂摆动。双臂摆显然有助于加快移动重心的速度，因为两臂摆到前次蹬冰腿的一侧，便会把身体重心移到这一侧。优秀运动员下刀动作是在另一冰刀的前面（约一刀左右）在身体重心下方，以刀跟或中部着冰。这可增加单支撑蹬冰阶段伸直膝关节所必需的时间。

4.步频与节奏

优秀运动员直道滑跑的步频达100～130步/分钟。在一个滑步时间为0.42～0.55秒，步长为5.60～7.15米的条件下，可以发挥出最大速度。在动作节奏和滑行条件最好的条件下，第一阶段（自由滑行）的时间＝0.100～0.125秒（25%），路程（S）＝1.10～1.45米；冲力（F_t）＝0.9～13.5公斤/秒。

第二阶段（单支撑蹬冰）的时间＝0.200～0.275秒（49%）；S＝3～3.7米；F_t＝22～32公斤/秒。

第三阶段（双支撑蹬冰）的时间＝0.125～0.150秒（28%）；S＝1.45～2.00米；F_t＝8～14公斤/秒。

一个滑步各阶段的最佳节奏为23%、49%、28%；可以产生最佳冲力的躯干的夹角∠1，大腿与小腿的夹角∠2，小腿与脚的夹角∠3的幅度如下：

第一阶段	第二阶段	第三阶段
∠1 ＝ 50°：48°	∠1 ＝ 48°：58°	∠1 ＝ 58°：119°
∠2 ＝ 95°：95°	∠2 ＝ 95°：124°	∠2 ＝ 124°：180°
∠3 ＝ 87°：76°	∠3 ＝ 79°：71°	∠3 ＝ 71°：110°

我们从速滑动作阶段特征之间结构的相互联系图（图2-19～图2-21）中可知，滑步的速度取决于一系列原因：滑步的时间（r＝−0.94）；第三阶段的动作速度（r＝0.94）；第一阶段的时间（r＝−0.89）；冲力的大小（r＝0.82）和步长（r＝0.85）。此外，滑步速度还与第二和第三阶段的用力有密切关系（r＝0.82和r＝0.81）；与第二阶段的速度（r＝0.67）、第一和第三阶段的滑行距离（Y＝0.68和Y＝0.42）有密切关系。与前一步的速度（r＝0.50）和第一阶段的速度（r＝0.39）有密切关系。这里需要说明的是，上述内容中的r为相关系数，它并不是一个具体单位。

由此可知，要加快速度，就必须保持蹬冰力量适宜，缩短整个滑步和第一阶段的时间，加快第三阶段的速度。这样，我们便明确了短距离滑跑蹬冰结束时的特点。它的关键在于腿的各关节快速伸直。此时在0.01秒内伸展的角度，髋关节为4°～5°，膝关节为3°～4°，踝关节为3°。

（二）弯道

1.姿势

在500米的弯道滑跑时，为了防止离心力把运动员甩向外侧，他的整个身体要用力向内倾斜，与此同时，支撑腿深屈成低姿势（小腿的前倾度比直道还小），如图2-40、图2-41所示。

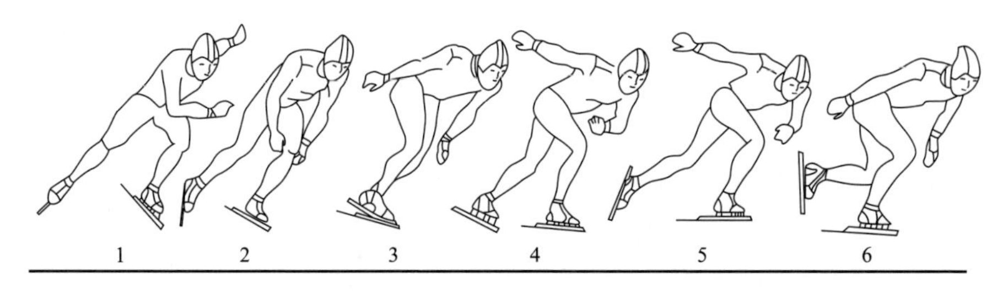

图2-40 500米弯道滑跑起步姿势

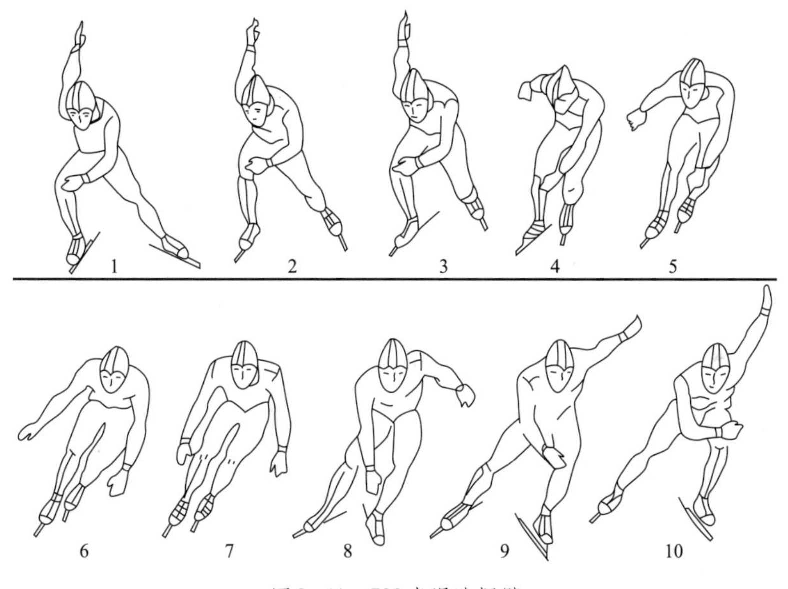

图2-41 500米滑跑摆臂

向内倾斜的角度与弯道弧度和运动员滑跑速度相适应。这样就可以产生由直线运动转入沿弯道弧线运动所必需的向心力，同时能加大蹬冰的路程。

2.蹬冰与步频

由于倾斜角度大，腿的各关节可以立即用力伸展。一条腿蹬冰结束后，另一条腿立即开始蹬冰。蹬冰的时间和路程长短取决于滑跑姿势（如果屈腿大些，蹬冰路程就长些）和蹬冰刀的滑行方向（该刀越向外转，蹬冰路程就缩短）。刀尖显著向外转，压冰时间就缩短，运动员就会很快偏离雪线。这就导致必须加快步伐，这是短距离的弯道滑跑没有自由滑行阶段和缩短移动重心时间的结果。弯

道滑跑一分钟可达到150步，步长5～6米。

3.摆臂与下刀

像在其他距离滑跑中一样，右刀是在左刀的左前着冰。与浮腿摆动的同时，两臂做不对称摆动。右臂同直道滑跑时一样摆动，左臂屈肘，顺躯干摆动。

二、1000米和1500米途中滑跑的技术特点

1000米和1500米滑跑技术特点是步子较长，步频较低（一分钟在120步以内）属于中距离。但是男子1000米滑跑却较多地具备短距离的技术特点。中距离技术尽管步频较高、姿势较低，并且单臂摆动（图2-42、图2-43），但还是很像长距离滑跑技术。

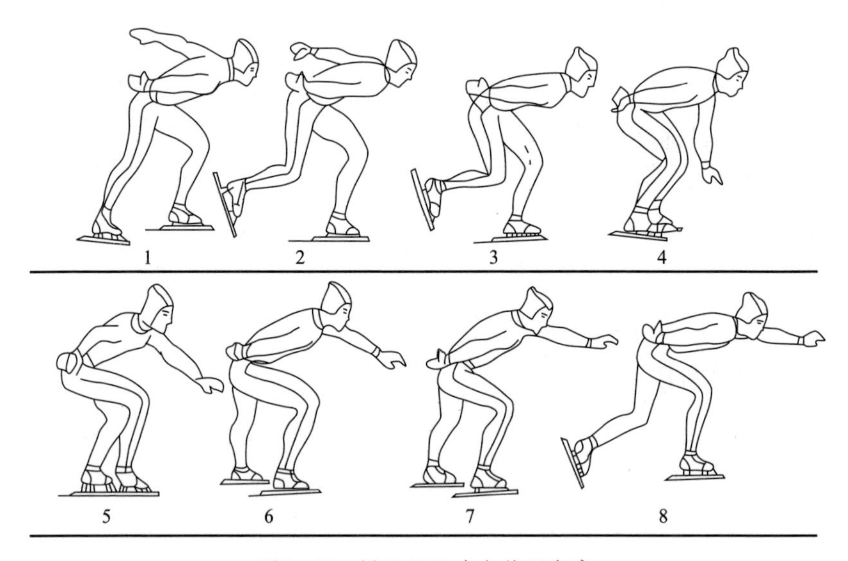

图2-42　男子1000米矢状面角度

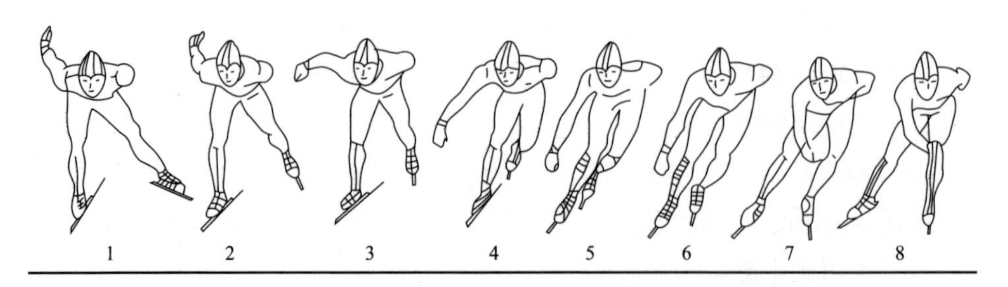

图2-43　男子1000米额状面角度

（一）直道

1.摆臂与步频

中距离滑跑技术的特点之一（与短距离和长距离滑跑技术相比）是两臂动作因人而异（滑跑姿势较一致）。在开始部分是两臂摆动，然后在一部分距离上是单摆或背手，1000米是双臂摆动。但是，与500米的两臂摆动不同，其紧张程度小，步频较低，滑行很明显。两臂（或单臂）比较偏向前后摆动，这也与500米滑跑的两臂摆动不同。但是，要提高步频，两臂（单臂）就得较快地并较偏向侧面摆动，而不是前后摆动，这就有助于使躯干快速地脱离平衡状态（并不保证蹬冰角较小）从而提高步频。

2.下刀与自由滑行

冰刀着冰用外刃，或者最好是用平刃这个动作保持到另一只冰刀蹬冰结束。为了提高1000米和1500米滑跑的成绩，必须缩短自由滑行的时间和移动重心的时间，使之最大限度地接近500米滑跑各阶段时间的比。例如，在中距离滑跑中，在滑步时间为0.5～0.69秒，步长为6.15～7.85米，步频在1分钟120步以内的条件下，滑步的速度最快。

3.滑步的节奏

滑步的最佳节奏取决于下列参数。

自由滑行阶段：t = 0.150～0.180秒（25%），S = 1.35～2.05米，F_t = 13～15公斤/秒。

单支撑蹬冰阶段：t = 0.250～0.300秒（50%）；S = 3.20～3.80米，F_t = 30～35公斤/秒。

双支撑阶段：t = 0.125～0.175秒（25%），S = 1.60～2.00米，F_t = 11～16公斤/秒，滑步的最佳节奏为25%：50%：25%。

各阶段各关节角的幅度等于：

第一阶段	第二阶段	第三阶段
∠1 = 58°：54°	∠1 = 54°：74°	∠1 = 74°：134°
∠2 = 93°：102°	∠2 = 102°：126°	∠2 = 126°：180°
∠3 = 78°：71°	∠3 = 71°：67°	∠3 = 67°：102°

4.滑步的速度

中距离滑跑中影响滑步速度的因素仍然是短距离滑跑中与速度有关的那些因素，其差别只是有影响的因素数量较小，并且影响程度较小。滑步的速度取决

于滑步的时间（$r=-0.96$）、路程（$r=0.93$）、冲力（$r=0.84$）以及第一和第三阶段发挥的力量（$r=0.81$、$r=0.70$）；与第三阶段的速度也有密切关系：第一阶段（r=0.67）；第二阶段（$r=0.46$）第三阶段（$r=0.64$）。第一阶段的滑行距离（$r=0.55$）及时间（$r=0.57$）有一定影响。

中距离滑跑像短距离一样，决定速度的基本因素是滑步的时间和长度以及冲力。但是，在中距离滑跑中，第一阶段的速度起较大的作用，它也像短距离一样，取决于滑行的时间和距离。

（二）弯道

1.姿势与摆臂

中距离弯道滑跑技术的特点是滑跑姿势低，极像短距离滑跑技术。不同之处在于，运动员不做两臂摆动，而是做单臂摆动（图2-44）。

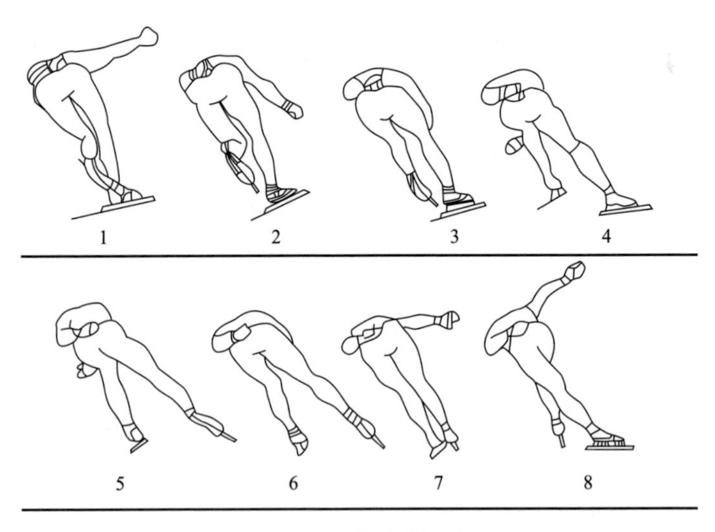

图2-44　弯道单摆臂

2.蹬冰与摆腿

左腿蹬冰之后，右腿先是延缓伸展髋关节，然后过渡较小的蹬冰角，同时快速地伸展各关节。蹬冰刀（右刀）的轨迹与身体重心的投影分开有助于此，而且使运动员在整个蹬冰过程都能蹬着冰。由于小腿的前倾度增大，并且冰刀成不大角度向右滑行，所以踝关节保持背屈，只是在蹬冰结束时才开始跖屈做伸踝动作。此时，右腿的摆动具有一定的加速度，在冰刀着冰时摆腿结束。

左腿深屈，小腿显著前倾，只是在右腿结束蹬冰时才承受运动员的体重。接着右腿微屈，移向左前方向，脚尖稍稍超前，并在另一冰刀的左前方，与之形成不大的角度，以内刃着冰。在快速摆动的条件下，右刀从左刀的上方移过，这时，运动员继续用左腿蹬冰，伸直髋关节，大腿伸向右后方向，迅速地伸直膝关节和踝关节。

3. 步频

中距离弯道距离的步频略低于短距离。步频1分钟可达100 ~ 140步。

三、3000米、5000米和10000米途中滑跑的技术特点

3000米、5000米和10000米属于速滑长距离项目。但是，男子3000米滑跑技术十分接近中距离滑跑技术（不同之处只是自由滑行阶段所用的时间稍多），弯道滑跑技术没有多大差别。

（一）直道

1. 姿势

5000米和10000米滑跑时，运动员的滑跑姿势比短距离时稍高（图2-45、图2-46）。自由滑行时，支撑腿屈膝102° ~ 106°，屈髋55° ~ 56°，屈踝78° ~ 84°，

图2-45 男子5000米矢状面角度

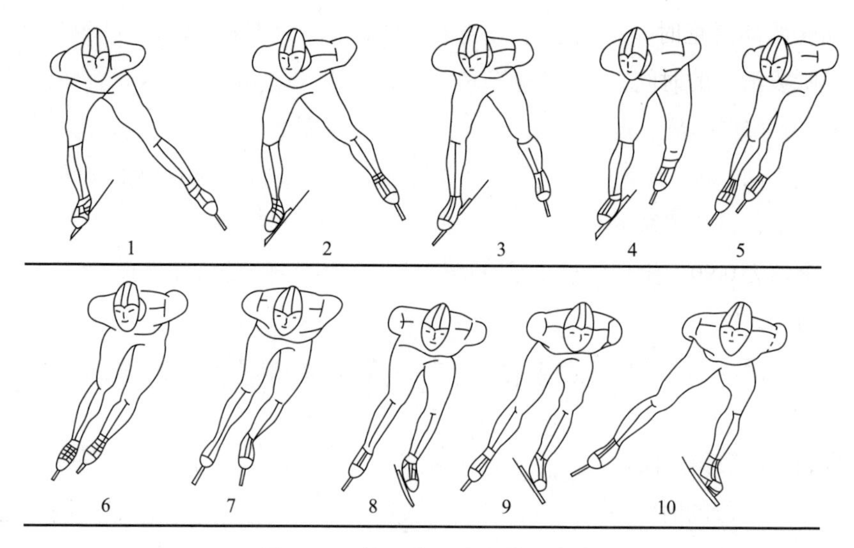

图2-46　男子5000米额状面角度

运动员的躯干前倾并稍微弯曲。膝盖在所有各阶段都朝向前方，其纵轴与跑道两侧平行。头部前倾位置，以背肌足够放松并且运动员能看到滑跑方向为准。

2.摆臂

在长距离滑跑中，主要在起跑后疾跑时和终点冲刺时做摆臂动作，某些运动员在弯道滑跑时摆右臂。

3.步频与节奏

在长距离滑跑中，步长为6.80~8.10米、步频为每分钟80~106步的条件下，可发挥出最高的速度。此时，滑步最佳时间为0.56~0.71秒。动作的参数如下：

自由滑行：t = 0.150~0.200秒（26%），S = 1.50~2.00米，F_t = 13~14公斤/秒。

单支撑蹬冰：t = 0.270~0.330秒（47%），S = 3.5~4.0米，F_t = 35~40公斤/秒。

双支撑蹬冰：t = 0.145~0.180秒（25%），S = 1.80~2.10米，F_t = 11~20公斤/秒。

滑步的节奏是：28%：47%：25%。各关节角的幅度等于：

第一阶段	第二阶段	第三阶段
∠1 = 56°：53°	∠1 = 53°：67°	∠1 = 67°：122°
∠2 = 116°：114°	∠2 = 11°：120°	∠2 = 120°：180°
∠3 = 95°：87°	∠3 = 87°：77°	∠3 = 77°：112°

在长距离滑跑时，影响滑步速度因素比中距离少。对滑步速度影响最大的是第二阶段滑行的时间：长距离（$r = 0.97$）和（$r = 0.60$）；在中距离滑跑时这两个因素不构成影响。因此，第二阶段的时间明显增加（运动员延缓移动重心往往就会如此），速度显著降低。滑跑距离越长，步长对滑步速度影响越大。在长距离滑跑中，这个关系等于0.95。滑步的速度与冲力的关系也是这样，长距离滑跑时这个值为0.90。步长对滑步速度的影响程度几乎像所有其他距离滑跑时一样（$r = 0.94$）。

随着滑跑距离的加长，滑步速度与第一阶段速度的关系也增大，因此短距离滑跑时$r = 0.39$，中距离滑跑时$r = 0.67$，长距离滑跑时$r = 0.90$。这种增大的关系表明，随着第一阶段时间的增大，速度的损失一般也随之增大。各种距离滑跑中，第一阶段的时间（长距离滑跑中$r = 0.59$）与滑步速度之间的关系为负相关：第一阶段的时间越短，则滑步的速度越高。长距离滑跑中，滑步速度与前一步速度的关系也增大（$r = 0.80$）。

（二）弯道

1.蹬冰与摆腿

在长距离滑跑时，借助于浮腿的摆动，运动员可以加速开始蹬冰。这时蹬冰刀滑离雪线较远，并且与切线所成的角度较大。右腿在蹬冰结束后，在摆腿过程中，需要稍微屈膝尽量放松（好似稍有停顿），此时支撑腿好像消极滑行，但不应把这算作自由滑行阶段左腿的蹬冰延时。右腿先是在空中向左前方摆动，然后以冰刀内刃着冰。左腿蹬冰一结束，右腿立即开始先慢后快地伸展髋关节（这里指按动作伸展顺序相对而言）。紧接着就是用力、加快各关节的伸展，开始做积极蹬冰动作。

2.两腿做不对称的蹬冰动作

右腿的一个滑步比左腿的一个滑步长。这是因为左右腿的蹬冰方法与躯干的关系不同的缘故（图2-47）。左外刃与右内刃同是向刃右蹬冰。左腿蹬冰时，双支撑蹬冰阶段的时间比右腿双支撑蹬冰阶段的时间长。

3.步频与步长

长距离滑跑时，步频为每分钟100步，步长为5～7米，在自由滑行阶段的步频和步长不计入在内。

图2-47 不对称蹬冰动作

以上就是速度滑冰在不同距离上的生物力学原理阐述，它是从国内外不同国家速滑运动员竞赛和训练基础上提炼出的基本原理。它不仅可以科学指导教练员确定各阶段的训练指标，同时也是速滑冰刀鞋科研工作者的生物力学开发指南。遵循上述理论合理设计的冰刀鞋将会更好地提高运动员竞技成绩，同时也会降低或减轻运动损伤。我国在2022年北京冬奥会期间取得了9金4银2铜，总数15枚的成绩位列奖牌榜第3名，取得了前所未有的突破性成绩，这其中也包含广大科研工作者的幕后努力。尤其是速滑项目取得了3块金牌，这背后教练员的科学训练功不可没。研究速滑生物力学对于我国选手在下届冬奥会上的成绩发挥仍具有巨大作用。

参考文献

[1] A Review of the Physics of Ice Surface Friction and the Development of Ice Skating[J]. Federico Formenti.Research in Sports Medicine,2014(3): 276-293.

[2] 李梦晗. 基于水基润滑理论的冰刀减阻影响参数研究[D]. 北京:北方工业大学,2021.

[3] Sliding temperatures of ice skates[J]. S. C. Colbeck.American Journal of

Physics, 1997(6).
[4] 王广振,王文亮,高欣,等. 导致冰面极低摩擦系数的原因:研究进展及模型分析[J]. 大学化学,2019,34(1):33-38.
[5] 陈晓东,何国胜,杨秀峰,等. 速度滑冰如何减小空气阻力[J]. 力学与实践,2022,44(2):458-465.
[6] 常巍. 速度滑冰的蹬冰和滑行技术研究[J]. 文体用品与科技,2018,396(11):184-185.
[7] 王锦国. 速度滑冰的蹬冰和滑行技术分析[J]. 科技视界,2017,187(1):237.
[8] 韩纹纹. 不同型号冰刀对速度滑冰运动员入弯道技术影响的实验研究[D]. 哈尔滨:哈尔滨师范大学,2022.

第三章

冰刀鞋的材料

随着生活水平的提高，人们把身体健康看得越来越重要。运动已经不再是运动员的专利，人人都是运动员，人人都爱运动。尤其随着北京冬奥会的召开，“带动三亿人参与冰雪运动”从愿景变成现实，“大众上冰雪”的热情被全面激发，更多人开始体验冰雪运动的乐趣。作为一项难度较高、竞技性较强的运动，一双高质量、适合自己的冰刀鞋对于爱好冰雪运动的人们来说至关重要。其中，材料的选择是制造一双好冰刀鞋的关键环节。现代制鞋业的发展，引发了材料和工艺革命。冰刀鞋分为冰刀和刀桥、平板外底、内衬中底和鞋帮四个部分。本章详细介绍平板外底、内衬中底和鞋帮常用的材料。

第一节　冰刀鞋的鞋帮材料

冰刀鞋的鞋帮材料包括鞋面材料、鞋里材料及衬料。

一、鞋面材料

冰刀鞋的面料大约有聚氯乙烯（PVC）、聚氨酯（PU）、牛巴、超细纤维、天然皮革、网布、纺织材料等几大类。以下分别简要说明：

（一）天然皮革

天然皮革的特点在于柔韧性使之舒适、合脚、表面张力大，具有生物活性，透气性好。一直以来，天然皮革是制作冰刀鞋鞋面的绝好材料，但是天然皮革的特点也造成其在冰刀鞋穿用过程中存在固有的缺陷。好的柔韧伸展性往往容易变形、有折痕、断裂，同时皮质鞋面容易磨坏和刮花；天然皮革好的透气性使之在潮湿多水环境下面临严峻的考验。柔韧的皮质鞋面在高强度速滑运动中缺乏对脚踝、脚侧等人体关键脆弱部分的强力支持和形体保护。

天然皮革透水、透气、柔软、耐剥离、耐折、耐寒，具有动物的天然粒纹；缺点是部位差大、有瑕疵、毛孔多、形状不规范、不易裁制、价格高。冰刀鞋用天然皮革有牛皮、猪皮、鹿皮、鸵鸟皮、鳄鱼皮、蛇皮等种类。同一种原料皮又可以加工成正面革、修面革、绒面革、二层革、移膜革等。根据皮革表面的处理工艺可分为油鞣革、磨砂革、压花革、珠光革、搓纹革。冰刀鞋帮面一般使用牛皮。牛皮又可分为头层皮和二层皮，头层又叫珠面皮，二层叫二榔皮或漆皮，一般头层皮价格是二层皮的3～5倍。高档冰刀鞋帮面大量使用头层牛皮。

另就工艺而言，皮质材料在加工成型等方面往往有较高要求，从而使工艺成本上升，或者说，使用皮质必定无法完全地摆脱缝线。在科技发达的今天，缝线正逐渐成为具有缺陷的过去式。简单来说，皮质在硬和软方面的特性对于冰刀鞋生产工艺而言是相矛盾的。选择好的皮质，根据皮质材料的特性设计鞋体结构，往往是整个鞋体设计的前提和关键。设计时，要发挥天然皮革上述优势，同时做到平衡性改良，加强皮质鞋面支持性和牢靠性，做到运动性和舒适性兼顾。

1. 常用鞋面革

冰刀鞋鞋面革主要由牛皮、山羊皮、猪皮加工而成，除猪、牛、羊皮外，还有如马皮、骆驼皮等亦可加工成较为理想的鞋面用革。按用途和穿着要求的不同，同是牛皮革，又有一般鞋面革、正绒面革、反绒革之分。为了满足使用需要，全粒面革又可压以花纹，如在猪皮全粒面革上压上牛皮或羊皮花纹等。

冰刀鞋鞋面革的颜色有黑色、棕色、紫色、白色等各种色泽。

在制鞋绷楦工序中，要拉长鞋面的某些部位，但出楦后又要求保留所获得的形状和尺寸，因此对鞋面革要求应具有一定的弹塑性，为了穿着舒适，还要求鞋面革具有柔软和丰满的性能。

在穿着过程中鞋面革要遭受反复的、连续的和持久的拉伸、曲折，可能会让革面断裂，故要求鞋面革应具有耐拉伸、耐曲折、耐摩擦的性能。除此之外，还要具有耐水性和透气性，并经得起温度高低的变化。

在外观方面还要求鞋面革色泽鲜艳，涂层不摔浆、脱色、裂浆等，对绒面鞋面革的要求是绒毛均匀、致密、色泽鲜艳均匀一致。

2. 多脂鞋面革

为多脂植物鞣牛皮面革，柔软，具有好的抗张强度，且不透水。多脂冰刀鞋鞋面革多为整张皮或前肩皮制造，可按面积或重量计量。

3. 犊皮鞋面革

由不同重量的牛犊皮为原料制成，一般为黑色，也有彩色的；有平纹的，也有搓纹的；有光泽强的，也有光泽弱的。质量方面要求轻加脂，身骨丰满，有

细腻的触感、较好的抗张强度，涂层要求结合牢固，花纹细致鲜明。要保留犊皮面革粒纹的特征。

不发亮的铬鞣犊皮冰刀鞋鞋面革，大多数采用加脂工艺，即在粒面特别涂一遍油脂及蜡组成的面油。这种整饰方法所成的革，又叫作铬鞣光面革。

4. 苯胺鞋面革

一般冰刀鞋鞋面革，在涂饰时其着色剂采用染料着色，苯胺革的涂层透明，不用颜料着色，而采用苯胺染料着色，故称为苯胺革。其后，苯胺革的着色剂不再限于苯胺染料，如有色树脂、有机透明颜料均可用于着色，所以，无论是否用苯胺染料着色，只要涂饰后具有苯胺效应的革统称为苯胺革。

苯胺效应中采用的中层涂饰。一方面具有特殊的艺术性，另一方面具有很好的透明性。通过中层能看到真皮的粒面或底涂层而突出真皮特点的作用，称为苯胺效应。

（1）苯胺革的特点：

①中层薄而透明，透过中层，皮革天然粒面花纹清晰可见，充分显示了真皮的特点，即真皮感强。

②顶层应喷出活泼自然的色调，要求颜色鲜艳，浓淡适宜，光泽柔和，富艺术感。

③底层颜色比中层略浅，用食指从中层肉面顶起，可显出较浅的底色，突出苯胺效应。

④革身柔软，粒纹紧密，滋润滑爽，手感舒适。

（2）苯胺革的分类：苯胺革又有全苯胺革、半苯胺革和充苯胺革、打光苯胺革之分。

①全苯胺革：坯革粒面无伤残或稍有伤残，更能显出真皮特点，故对坯革要求并不十分严格，底层采用丙烯酸树脂和乳酪素或改性乳酪素喷涂或揩涂。如果染色质量较差，在底涂前可用金属络合染料喷色，中层喷丙烯酸树脂乳液和金属络合染料，或有色树脂、有机透明颜料和树脂，涂层透明，喷涂颜色略有浓淡，构成不规则而美观的图案。顶层喷光固定即可。如底色较好，则不必喷色，只喷透明层。

②半苯胺革：革面伤残重，只能通过磨面制造半苯胺革。

半苯胺革的特点是：底层用不透明的无机颜料着色，一般可用颜料膏和丙烯酸树脂乳液，或无机颜料加树脂；适度地喷一层，形成半覆盖层，压毛孔花或光板熨平，或压以其他花纹，构成底层。中层喷苯胺效应，上层为光亮层。由于部分粒面被半覆盖层所遮盖，只能隐约地看到部分粒面，故称半苯胺革。

③充苯胺革：粒面伤残严重，必须深度磨面，制造充苯胺革。

充苯胺革的制作要点是：底层采用颜料膏和丙烯酸树脂乳液，或采用透明的颜料和适当树脂，涂饰一层较厚的覆盖层，将革面完全覆盖，压花或光板熨平。中层和上层制作同半苯胺革，涂饰后已看不见真皮粒面，而只能看见覆盖层，所以称为充苯胺革。

④打光苯胺革：以爬虫皮、小山羊皮和高级小牛皮为原料制成。其基本色一般通过植物鞣法得到，涂饰时先通过涂盖苯胺染料而使革面着色以构成底色，使用碱性染料，因碱性染料对革具有亲合力，然后用酪素和虫胶等涂盖皮革，干燥后在打光机上进行打光，打光辊为一玻璃圆辊。

打光革的特点是：光泽强，表面呈平滑微妙的底层。由于整饰革本身不含颜料，可以看见真皮的纤维结构，真皮感强。

5.漆革鞋面革

冰刀鞋漆革鞋面革采用清漆涂饰，从有机溶液中把高分子物质沉积在革的表面上。最早的漆革涂饰用天然清漆如虫胶（漆片）等，之后采用硝化纤维清漆，随着高聚物材料的发展，多种高聚物材料的引入使清漆涂饰有了很大的发展。漆革鞋面革具有高度的光泽；缺点是漆膜的覆盖力和粘附性差。加入涂饰剂中的材料，对革纤维应有较好的亲和力。漆革涂饰不能依靠打光和熨平，因为油膜的特性主要取决于成膜材料本身的特性，而不能依靠引入材料的自身调节作用。

6.防水鞋面革

采用硅氧烷、烯基琥珀酸、氟化脂肪酸的铬络合物和硅酮等处理皮革，可制得防水鞋面革。

（1）用烯基琥珀酸处理皮革是采用溶剂型溶液，其极性端对皮革具有亲和力、而非极性则背向皮革，从而防止了水对皮革的渗透。

（2）氟化脂肪酸铬络合物用于纺织品以增强纺织品的增水性和增油性，用于浸渍皮革也有类似的作用。

（3）硅酮处理后能有效提高皮革的疏水性能，它是以高沸点的烃或氯化溶剂处理皮革（表面或浸渍），硅酮处理能得到完全斥水的皮鞋，这种鞋连续在水中行走一天也不会使一滴水渗入鞋内，而且保留了传送脚上汗液的能力，保持鞋

的舒适性。

7.防污鞋面革

用含氟化合物浸渍皮革或用含氟化合物对皮革施以表面处理所得到的皮革为防污鞋面革。

8.二层鞋面革

二层鞋面革为剖层后的肉面剖层，具有较疏松的粒面结构，可以看成是深度磨面革。所用涂层的特点是，涂饰剂中含有较多的黏合剂且具有良好的填充作用，加入适量的颜料也有助于“人造粒面”的形成，由此可制得近似于深度磨面的修饰面革的二层革。但不论采取哪种涂饰措施，二层革应都不应与头层革同质而论，故应注意整饰方法的经济性。

9.压花鞋面革

为了得到特殊的粒面效应，常用各种花纹的压花板将皮革压制出各种花纹，压花有高压和低压之分，高压是在高压和温度最高达120℃的条件下，将皮革定型并得到永久型的花纹。也可采用低压热板，主要靠热作用得到理想的花纹。

10.蜥蜴革、蛇革鞋面革

由蜥蜴皮、蛇皮及鲜鱼皮加工而成的冰刀鞋帮面用皮革，由于这些皮纤维比较纤细，编制非常疏松，所以，处理时要特别小心。为了保持其天然色素图案，应采用植物鞣和合成鞣剂，然后用硝化纤维清漆涂饰而成。

（二）合成革

合成革是由聚氨酯为原材料制成的高级人造皮，又称PU革。PU革柔软，富有弹性，手感好，表面有光泽，比天然皮革更轻而且不易皱、不易变形，有良好支撑性及耐磨性，清洗容易；比天然皮革厚度更均匀，弹性更均衡，是人造革类是很好的材料之一。

跟天然皮革中的牛巴革相比，牛巴革表面多呈磨砂状，手感粗涩，少有光泽且呈消光雾面，多数无弹性。相对而言PU革使用更广泛一些，价格从十几块到上百块不等。冰刀鞋经常使用中档以上的牛巴革和PU革做鞋面。

另外，厂家在部分冰刀鞋中也常使用双层轻质合成革组合鞋面。将合成革和天然皮革组合使用是现在的普遍方法。天然皮革、合成革以及合成材料的各种变化组合，形成了不同冰刀鞋鞋面设计的核心。

（三）网布材料

网布材料是一种合成纤维织成的具有较多较大网孔的材料，俗称网布，其中以尼龙网布为典型产品，外观亮丽，经常贴合泡面材料制作冰刀鞋的帮面。常有K208、K209、K230等，K后的值越大，网眼的密度越大。

冰刀鞋用网布材料主要分三类：主料网布，用在帮面外露地方，轻便而且具良好的透气性、耐弯曲性，比如三明治网布；领口辅料，比如天鹅绒；还有里布辅料，比如丽新布，主要特性为耐磨，透气性好。

人造织物网眼布是一种比较特殊的冰刀鞋鞋面材料，简单说是用布做的鞋面，不过经过运动性强化，一般要使用特殊的纤维和科学的高强度网络设计。采用3D模具制造的编织材料鞋面具有较好的透气性、弹性，从而使之合脚，还有轻量性，同时可以方便地利用染色等手段做出各样时尚个性的款式。

（四）各种功能布料

1.排汗布

快速排汗科技纤维，它的超细纤维内层防水，外层亲水，可将皮肤上的汗水迅速传送至衣服表层，并迅速蒸发，保持身体的干爽舒适及体温恒定。

2.保暖布

保暖性科技纤维，是一种双面刷毛织物，含有超细的拉绒聚酯纤维，能够有效地保持体温，并以最轻的重量、最小的体积获得最佳的挡风御寒效果，其轻薄保暖的特性远胜于传统的羊毛织品。

3.抗水布

抗水性科技纤维，含有高斥水性的超细聚酯纤维，不但能够防风抗雨，而且具有极佳的透气性能。

4.防水布

防水布是一种专为在极端天气中做冰雪速滑运动设计的布料，它含有PU防水层和GORE-TEX涂层，坚决防水且透气性好，可以防止雨水、冰雹和雪，能够当雨衣使用。

5.莱卡弹性布料

莱卡弹性布料一般用于冰刀鞋鞋面，可使鞋子具有弹性且增加合脚性。采用莱卡弹性布料制成的鞋身穿脱更加方便，运用柔软的中底让运动的双脚能舒

适、稳定且无负担。

（五）超细纤维革

超细纤维合成革是第三代人工皮革。其三维结构网络的无纺布为合成革，在基材方面创造了赶超天然皮革的条件。该产品结合新研制的具有开孔结构的PU浆料浸渍，运用复合面层的加工技术，发挥超细纤维巨大表面积和强烈的吸水性作用，使得超细纤维合成革具有束状超细胶原纤维的天然革所固有的吸湿特性。因而，不论从内部微观结构，还是外观质感及穿着舒适性等方面，都与高级天然皮革相媲美。此外，超细纤维合成革在耐化学性、质量均一性，大生产加工适应性以及防水、防霉变性等方面更超过了天然皮革，比天然皮革质感柔和，是人造革类中很好的材料之一。目前我国大多数冰刀鞋使用这种材料。

（六）玻璃纤维

玻璃纤维是一种无机非金属材料，化学成分主要有二氧化硅、氧化铝、氧化钙、氧化硼、氧化镁、氧化钠等，其具有良好的绝缘性、耐热性、抗腐蚀性和良好的机械强度。玻璃纤维的冰鞋鞋帮相对较软，硬度相对较差，对踝关节的支撑和保护较弱，长时间使用后，鞋帮容易变形且不能恢复，但玻璃纤维材质的价格相对便宜。

（七）碳纤维复合材料

碳纤维复合材料是由碳元素组成的一种特种纤维。具有高强度、抗冲击、变形量小、比重小等特性，其外形有显著的各向异性、柔软，可加工成各种织物，沿纤维轴方向表现出很高的强度。碳纤维比重小，因此有很高的比强度。

碳纤维材质的冰刀鞋鞋帮硬度较大，而且碳纤维鞋帮通过加热等手段可以适度地改变其形态，使其更合脚，冷却后形态（即固定常温状态或冷环境下）不易改变，且可以维持较长的时间，但是碳纤维的冰鞋价格相对较高。

（八）其他鞋面材料

1. 支撑条

支撑条是一种坚硬又易弯曲的塑胶，冷却之后即固定成型，质轻且在鞋面两侧提供稳定支撑。

2. 记忆型发泡棉

记忆型发泡棉用于冰刀鞋后跟及鞋领，具有柔软舒适及合脚的特性。

3. 耐磨片

耐磨片坚硬的材质及设计可强化冰刀鞋鞋头及前缘内侧的耐磨性。

4. 热塑性聚氨酯橡胶

热塑性聚氨酯橡胶为一种坚硬又易弯曲的塑胶，冷却之后即固定成型，具有让冰刀鞋鞋面稳定的功能。

5.PVC 材料

PVC 材料大多数较便宜，质地差，不耐寒，不耐折，一般用于业余冰刀鞋或低档冰刀鞋的鞋面。

二、鞋里材料及衬料

（一）人工合成类鞋里革

冰刀鞋上常用的人工合成的鞋里材料有纺织布、针织布、无纺布、泡棉等。

（1）丽新布：一种无纺布，常用作冰刀鞋的鞋身里。

（2）单面绒布：经过拉绒的纺织材料，也叫拉毛布，常用来做冰刀鞋翻口里、鞋舌里、鞋垫衬。

（3）特布：一种非常稀疏、轻薄、手感柔软、弹性很大的材料，常贴在冰刀鞋鞋身下面。

（4）泡棉：又称为海绵，发泡材料，常用于领口、鞋舌、鞋身等位置，增加鞋的柔软和护脚功能。

（5）化学片：是一种浸胶的无纺布材料，用于制作冰刀鞋的港宝，前港宝的厚度为0.6 ~ 2.5mm，后港宝的厚度为2 ~ 2.5mm，贴衬布强的厚度为0.5 ~ 1mm。

另外，辅料还有鞋带、衬布、补强带、织带等。

（二）天然皮革类鞋里革

猪、牛、羊的二层皮都可制作冰刀鞋的衬里革。衬里革又分为本色和涂饰衬里革两种。

（1）山羊本色衬里革：以山羊皮为原料，纯植物鞣。色泽浅淡，均匀一致，可作为高档冰刀鞋的衬里革。

（2）铬鞣本色衬里革：多为牛二层革或猪二层、三层革，纯铬鞣，适当加脂晾干、伸平后即成。革面平整细致，略具光亮。

（三）涂饰衬里革

涂饰衬里革一般涂成灰色、米色及彩色，色泽均匀一致，略具光亮，不能有严重脱色现象。

第二节　冰刀鞋的鞋底材料

由于冰刀鞋外底下方安有刀桥和冰刀，冰刀鞋的鞋底与常规运动鞋有所不同。大致来说，冰刀鞋的鞋底材料分为外底、内底和鞋垫三个部分所用的材料。这三个部分的选材是不同的。

一、冰刀鞋外底材料

虽然冰刀鞋的外底不直接跟地面接触，但由于其下方架构连接刀桥和冰刀，上方承载穿着者滑冰运动时高难度、高速度的动作，所以，其所用材料非常关键，整体上要求其挺阔、减震、轻巧。

常用的外底材料有PU（聚氨酯）、橡胶、MD底、TPR（热塑性橡胶）、EVA（乙烯醋酸—乙烯酯）、PVC（聚氯乙烯）。

（一）橡胶外底

在外底的材料中主要是各种橡胶。优点：耐磨性佳、防滑、有弹性、不易断裂、柔软度较好、伸延性好、收缩稳定、硬度佳、弯曲性好。缺点：重量较重、易吐霜（属品质问题）、不易腐蚀（环保问题）。外底通常有以下几种橡胶材料组成：

1. 碳素橡胶

碳素橡胶是一种耐磨的性能极佳的材料，也是唯一一种留下印记的橡胶。

在普通的橡胶材料里加入碳元素并压缩，使得橡胶更加坚韧、耐磨、防滑，增加抓地力。运动鞋大多使用此种橡胶，而且在鞋底的后掌部分都会留有BRS的字母标示，以表示大底使用了加碳橡胶。

2. 硬质橡胶

硬质橡胶是大底橡胶材质里最全面的橡胶，坚韧、防滑、耐磨，用途广泛。

硬质橡胶由60%的人造合成橡胶及40%的天然橡胶压缩而成，耐磨性佳。橡胶中配入大量硫黄，经硫化后可得到硬质橡胶。二烯类橡胶如天然橡胶、丁苯橡胶、丁二烯橡胶和丁腈橡胶，都能用硫黄硫化制成硬质橡胶。此外，用含有乙烯基的橡胶可在不配合硫黄的情况下，在高温（200～300℃）、高压和无氧的条件下，经过长时间加热制成无硫硬质橡胶。

硬质橡胶在室温下是黑色角质状的坚硬物质，具有良好的化学稳定性，室温下不易老化，具有优良的耐化学药品和耐有机溶剂的耐腐蚀性，吸水性低，拉伸强度和抗折断强度很高，并有极好的电绝缘性能。硬质橡胶的主要缺点是脆性大，制品受冲击时容易碎裂，在日光或紫外色泽不美观，在使用上也受一定限制。

3. 耐磨橡胶

耐磨橡胶是一种坚韧耐用的橡胶，以硬橡胶为主的合成橡胶压缩而成。耐磨橡胶的耐磨性和韧性都是非常好的，特别适用于冰刀鞋的大底制造上。

4. 混合橡胶

混合橡胶以天然橡胶及人造橡胶压缩而成，柔软，柔韧性佳，具有极佳的摩擦力。

5. 环保橡胶

环保橡胶也称为回收料橡胶，这种橡胶大底含有10%的回收橡胶的耐磨材料。环保橡胶能减少橡胶的浪费，起到保护环境的作用。

6. 充气橡胶

充气橡胶是一种人造软橡胶，质轻，避震效果好及增加抓地力，是含有空气的橡胶。当受到外力冲击时，橡胶内的气体被压出，具有一定的减震功能。

以上介绍的都是合成橡胶。在冰刀鞋鞋底上用到的还有如下两种橡胶材料。

7. 天然橡胶

天然橡胶的优点就在于它非常柔软，弹性极佳，能适合于各种运动；缺点也很明显，那就是不耐磨。

8. 高弹橡胶

丁苯橡胶是以丁二烯和苯乙烯为主要单体，通过共聚反应合成的高分子弹性体材料，质量均匀且纯净，杂质混入少，能溶于苯、甲苯、汽油、氯仿等有机溶剂。丁苯橡胶分子中的不饱和双键与硫化剂通过取代或加成反应而形成交联的网状结构，经补强剂补强后的丁苯硫化胶具有较高的物理机械性能。丁苯橡胶硫化速度慢，但硫化平坦性好，不易过硫化，具有耐老化、耐热、耐磨耗等优良性能。

速滑运动生物力学的相关测试研究表明：曲挠性较好的鞋底材料，可以减少穿着者为使鞋底曲挠运动所需能量的消耗，减轻穿着时沉重和疲劳的感觉；底材良好的缓冲吸震性，能有效地分散鞋底压力，在穿着时起到保护脚和关节的作用；内底垫表面的低摩擦系数，可以减少穿着时产生并累积起来的热量；良好的耐菌性和透水气性，可以阻止细菌在鞋内的繁殖，改变脚部的潮湿、黏糊和异味，排出脚汗，调节脚部温度；良好的阻热性，可以在寒冷的环境下防止热量通过鞋底传递和散失。

9. 生胶底

生胶是未经塑、混炼的橡胶的统称，是制造胶料最根本的原料，包括天然橡胶和合成橡胶。生胶的筑塑效果较差，硬度、密度较低，易磨损和折断。

10. 胶打底

胶打底不常见，这种鞋底的原材料就是工业胶水，通过搅拌机的搅拌，再灌进模具加热成型，其特点是柔软，而且防滑性好。

11. 美耐底

美耐底又称来得板、莱多棒和橡胶仿革底等。美耐底主要成分是橡胶，质地细密、耐磨、耐曲折，可无限延伸。须以冲刀冲裁，再磨边上色，一般厚度在 3 ~ 5mm，视需求而定。

（二）聚氨酯外底

聚氨酯是聚氨基甲酸酯的简称，是一种高分子材料，由 A/B/C 聚酯料发泡而成，分油性与水性两种。聚氨酯是一种新兴的有机高分子材料，被誉为“第五大塑料”，多用于制造高档冰刀鞋。

聚氨酯外底的优点：密度低、质地柔软，弹性佳，穿着舒适轻便，有良好的耐氧化、耐磨性能、耐温性能、耐曲挠性能、耐化学品性能，硬度高，减震，防滑，易腐蚀利于环保，不易皱折。聚氨酯外底的缺点：吸水性强，易黄变，易断裂，延伸率差，不耐水，易腐烂，透气性差。

1.TPU底

TPU底全称热塑性聚氨酯弹性体，它是由二异氰酸酯和大分子多元醇、扩链剂共同反应生成的线性高分子材料，是一种新型的环保材料。

TPU底的优点：具有优异的机械强度、耐磨性、耐油性和耐曲挠性，特别是耐磨性最为突出，外观好、大方高档。TPU底的缺点：耐热性、耐热水性、耐压缩性较差，外观易变黄，加工中易粘模具，较硬、较重，透气性差。

2.BPU底

BPU是一种改性的新型聚氨酯，具有环保、密度低（自重超轻）、表面结皮厚（表面光滑）、韧性好、不易断裂等优点。BPU底可替代EVA大底、EVA防水台、吹气PVC底台、木屐、PVC发泡底台等。

这种改性聚氨酯仿木质材料十分轻盈，有美丽的木纹，且降解期可调整，是绿色环保的新材料。

（三）真皮外底

真皮鞋底是一种自己能自动呼吸并带动脚呼吸的鞋底，透气性好，不闷脚，能自动释放吸收的汗液，保持脚的干燥。真皮鞋底以牛皮为主，价格较高。其优点是易定型、不变形、合脚、弹性好，能减低冲击而不易疲劳，通气性、吸湿性好，易加工，质地坚硬，不易被刺穿，但被水、油浸泡后容易翘曲变形或腐烂。它的主要特点：

（1）有较好的热绝缘性，保证脚在鞋内保持合适的温度。

（2）重量轻，每平方厘米的重量为0.95～1.05g，正好和水的密度相同。可以防水，并在鞋子不再潮湿的时候释放出湿气，保证鞋子处于舒适的状态。

（3）独特的三维纤维结构，鞋底在180°弯曲时不折断，能很快适应脚形，可以有效支撑地面的撞击，比同等厚度其他材料鞋底，能更有效地保护脚。

（四）塑料外底

1.PVC底（仿底革）

PVC底即聚氯乙烯，本色为微黄色半透明状，有光泽，在曲折处会出现白化现象。

优点：大多数较便宜，耐油，耐磨，绝缘性能好。缺点：防滑性差，质地差，不耐寒，不耐折，透气性差。

2.PC底

聚碳酸酯（PC）树脂是一种性能优良的热塑性工程塑料，具有突出的抗冲击能力，尺寸稳定性好，耐热、吸水率低、无毒、介电性能优良，是五大工程塑料中唯一具有良好透明性的产品，也是近年来增长速度最快的通用工程塑料。

PC底具有耐受能力好、外观美、抗冲击、透光率高、可塑性强的特点。

3.ABS底

ABS全称是Acrylonitrile Butadiene Styrene，即丙烯腈—丁二烯—苯乙烯共聚物。ABS工程塑料一般是不透明的，外观呈浅象牙色，无毒、无味，兼有韧、硬、刚的特性，燃烧缓慢，火焰呈黄色，有黑烟，燃烧后塑料软化、烧焦，发出特殊的肉桂气味，但无熔融滴落现象。

ABS具有优良的综合性能，有极好的冲击强度、尺寸稳定性、电性能、耐磨性、抗化学药品性、染色性，成型加工和机械加工较好。缺点：热变形温度较低，可燃，耐受能力较差。

4.PE底

PE英文名称是Polyethylene，即聚乙烯。PE耐腐蚀性、电绝缘性（尤其高频绝缘性）优良，刚性、硬度和强度较高，吸水性差，有良好的电性能和耐辐射性。PE底柔软性、伸长率、冲击强度、渗透性、耐疲劳、耐磨、耐腐蚀性能较好。

5.PP底

聚丙烯（PP）的英文名称是Polypropylene。PP塑料是一种高密度、无侧链、高结晶的线性聚合物，具有优良的综合性能，未着色时呈白色半透明，蜡状，比聚乙烯轻，透明度也较聚乙烯好，比聚乙烯刚硬。PP鞋底密度小，强度、刚度、硬度、耐热性佳；具有良好的电性能和高频绝缘性，不受湿度影响，耐腐蚀。

（五）橡塑并用外底

1.TPR底

TPR底包括TPV、SEBSTPR鞋底，是SBS改性鞋材的俗称（属于TPR材料应用的一种）。TPR鞋材专用料是以热塑性体SBS为主生产的一种新型高分子鞋用材料，有橡胶的性能又能按热塑性塑料进行加工和回收，可以用普通塑胶成形机以射出成型、挤出成型、吹塑成型的方式制成橡胶制品。以TPR粒料热熔后注模成型，成型时分子以发射性运动。

优点：易塑形、价格便宜；具有轻便、舒适、高弹性、易沾色、透气好、强度高等特点，特别是耐低温性优异，摩擦系数高，抓着力强。

缺点：材质重、磨耗差（不耐磨），柔软度较差，弯曲性差（不耐折 ）、吸震能力差，透气性差。

2.TR底

TR鞋底料是在TPR基础上改良的新产品，是 TPE与橡胶的合成材料，产品具有更加优异的各项性能；热注塑加工成型，成型时分子以滚球状运动。TR底具有外观花样多、手感好、色泽艳、光洁度高、技术含量高等特点，而且可以100%回收，属于环保型鞋底材料。

3.仿皮底

仿皮底是一种典型的橡塑并用高弹性的材料，主要成分以橡胶为基料，加入10%～30%的高苯乙烯，模仿真皮底性能制作。仿皮底外观与天然底相似，有粒面花纹，其制成的产品轻巧，线条清晰，穿着时轻快、舒适，没有响声、防滑、耐磨，具有良好的弹性、较高的硬度和刚性，还有不怕水的优点。其性能与天然皮革很类似，但是不具备天然皮革的透气、吸湿性能。

4.牛筋（津）底

牛筋底是一种淡黄色半透明的鞋底，因其颜色与性状似牛蹄筋而得名。“牛筋底”是形容和牛筋一样结实，但是牛筋底是人工制造的，也叫热塑弹性橡胶底。

牛筋底可以用橡胶来做，也可以用塑料来做，而以用热塑橡胶（TPR）制作最为方便。这种鞋底外观漂亮，而且有较好的弹性和耐磨性，穿着舒适。但低温时变脆，不耐磨、易老化，特定条件下容易分解。

（1）橡胶牛筋：时间久会泛白表面有一层雾状分泌物；用刀片切少许用火点燃成黑灰残留白色固体少许，燃烧时难出现滴落现象，并出现橡胶恶臭，有少许黑烟。

（2）TPR牛筋：用刀切少许，用火点燃，燃烧时有黑烟伴有少许灰绿、有种滴落现象、有胶臭味、燃烧时间比橡胶牛筋快少许，残留少许黑焦固体状。

二、冰刀鞋内底材料

冰刀鞋内底上常用的材料主要有橡胶和塑料。内底的作用是提供缓震性、稳定性，是鞋子中最为重要的部分。常用做冰刀鞋内底的材料有如下几种：

（一）EVA

EVA是乙烯—酸乙烯共聚物，一种高分子聚合物。用EVA塑胶粒子加热发泡而成，表面粗糙，质地轻。

优点：轻便、弹性好、柔韧好、不易皱，有极好的着色性，适于各种气候；缺点：易吸水、不环保、易脏。

（二）PHYLON

PHYLON由EVA发展而来，属EVA二次高压成型品，是冰刀鞋、跑鞋、网球鞋、篮球鞋中底的主要用料。

优点：轻便、有弹性、外观细、软度佳，容易清洗，硬度、密度、拉力、撕裂、延伸率佳。缺点：不易腐蚀，不环保；高温时易皱、易收缩；耐久性差，使用时间一长其吸震力便会降低，透气性差。

用PHYLON塑胶粒子先加热发泡，再灌入模型加压冷却，表面较白且有皱纹，质轻且有良好的避震性。采用微孔橡胶、PHYLON，POLYURETHANE的复合材料，可有效吸收运动时产生的震动，减缓脚底的疲劳。

（1）一次发泡：把材料注入模具后通过高温加热后一次成型的鞋中底，就叫作一次发泡中底，也就是EVA鞋中底。

（2）二次发泡：把材料注入模具后，通过两次高温加热后烧制成型的鞋中底，就被称为二次发泡内底，也就是我们常说的PHYLON内底。PHYLON的软硬度也是通过温度来控制的，在烧制PHYLON中底的过程中，温度越高，烧出的PHYLON的密度就越大，也就越硬。火候越小，烧出的PHYLON也就越轻越软，所以评价鞋内底的好坏不能以重量或者是软硬的程度来衡量。

（三）PU

PU（Polyurethane）是高分子化合物，全名为聚氨基甲酸酯，常用于冰刀鞋、篮球鞋、网球鞋内底。

在内底材料中，PU是最坚韧、强度最高的，光滑，有橡胶的质感。这是在冰刀鞋内底中利用最广泛、最重要的材料。在这个材料本身的基础上由自身演变或是与其他材料的结合，而产生出了新的材料。

内底用聚氨酯按加工工艺分为混炼胶、浇注胶、热塑型三类。

1.混炼胶

采用聚醇和异氰酸酯反应制得固体生胶状聚合物，然后利用传统工艺加工成型。

2.浇注胶

采用聚醇和异氰酸酯、扩链剂等配合剂经二步或一步法合成线型液态聚合物，加工时浇注于模具中，进行加热、熟化使其转化为具有一定网状结构的橡胶状固体。

3.热塑型

采用聚醇和异氰酸酯反应生成线型聚合物，加工成颗粒状固体，具有热塑性。采用热塑性塑料的加工设备和工作程序直接生产出成品。该法在聚氨酯橡胶中发展速度最快。该类橡胶的缺点是耐油、耐热性能差，机械力学性能不如浇注胶。

聚氨酯橡胶的特点：较强的抗磨耗性能，优异的力学机械性能，硬度范围适应大，模量范围较宽，抗辐射、耐臭氧性能优良。

（四）TPU

TPU是热塑性聚氨酯橡胶，主要有异氰酸酯、聚醇和二醇或二胺类扩链剂三类基础原料进行加成反应的产物。在TPU的合成中，对内底用异氰酸酯的选择应注意以下几点：

（1）使用结构对称的异氰酸酯。

（2）异氰酸酯的水解氯含量应控制在0.0001%～0.0200%范围中为宜。含量太高，反应太慢，成型时间长，表面不光滑；含量太低反应太快，产品有裂纹。

（3）有害异构体含量少。

在TPU的生产中，为适应加工工艺要求或改善某些性能，配方中可加入适量的催化剂、润滑剂、阻燃剂等助剂。常用的润滑剂有硬脂酰胺等硬脂酰盐，加入量为TPU总量的0.3%～0.5%。

三、冰刀鞋鞋垫材料

冰刀鞋鞋垫常用的材料有EVA发泡材料、橡胶乳发泡材料，前掌5mm，后掌6.5mm，采用直裁材料5mm厚，需要在表层复合一层材料。冰刀鞋上最常用的鞋垫形式是气垫。在冰刀鞋的生产中，气垫用来达到减震、能量回归、装饰的目的。以下阐述冰刀鞋所用气垫的种类。

（一）按材料分类

不同材料对于气垫性能的影响是很大的。目前气垫最常使用的材料有聚氨酯（PU）、聚氯乙烯（PVC）、热塑性聚氨酯（TPU）等。以下主要介绍聚氨酯鞋垫气垫和聚氨酯中空成型气垫、聚氯乙烯软气垫和聚氯乙烯硬气垫、热塑性聚氨酯拉管气垫和热塑性聚氨酯灌油气垫及其使用优势和性能。

1.聚氨酯（PU）

聚氨酯材料综合性能很好。不仅其强度高、弹性高、压缩强度高，抗撕裂性能优异，耐磨、耐氧及臭氧、耐溶剂（如非极性溶剂已烷、庚烷、石蜡油等，对于极性溶剂聚氨酯几乎没有任何作用，甚至在高温条件下，聚氨酯在非极性溶剂中的溶胀也很小），而且质量轻，对于鞋的轻量化设计很有意义。不过聚氨酯耐水性较差，内部生热高。

（1）聚氨酯气垫多为隐藏式气垫，固定在鞋垫与中底之间。气垫的整体厚度较薄，内部压强较小。冰刀鞋上用的聚氨酯气垫属于隐藏不漏式气垫设计。

（2）聚氨酯中空成型气垫，是目前使用最广泛最多的气垫。它可以根据使用的部位不同，强调的功能不同以及穿着者的年龄等具体的情况而设计成不同的内部压强、不同的结构、不同的厚度以及不同的颜色，达到不同的减震效果和不同的能量回归功能，并可与运动鞋其他部件的设计相呼应，达到视觉效果和感觉效果同步。

2. 聚氯乙烯（PVC）

聚氯乙烯原料来源广，成本低，生产技术成熟，并且根据加入助剂的种类和用量的不同，可以生产出透明和不透明的产品以及软硬不同的制品等，因此在颜色的变化上可以迅速呼应运动鞋的色彩变化。但是，聚氯乙烯冲击强度低，热变形大，回弹性不如聚氨酯。

（1）聚氯乙烯软气垫系列：同热塑性聚氨酯拉管气垫系列在设计和使用部位上都有相似之处。多用于冰刀鞋后跟部位，可设计出不同的色彩图案，用来达到感觉效果和视觉效果的双收。

（2）聚氯乙烯硬气垫系列：采用硬度较大的聚氯乙烯材料，设计成多种颜色的耐压缩的气垫。一般多用于冰刀鞋后跟部位，造型类似蜂巢结构。

3. 热塑性聚氨酯（TPU）

热塑性聚氨酯是人们最早发现的，其既有橡胶弹性特性，又具有塑料可塑性的高分子材料。具有优异的物理机械性能，如拉伸强度、伸长率都较高。其化学结构和邵氏硬度不同，拉伸强度也不同，为25兆帕~70兆帕，软质（邵氏70~85）较低，硬质（邵氏50~83）拉伸强度则较高；抗撕裂性很好，在很广的温度范围内均具有柔顺性；耐磨损性和抗刺穿性能优异；抗裂纹增长性是所有热塑性材料里最好的；抗纵向弯曲强度和低温冲击强度较高；回弹性和抗切割性良好；耐油性和耐受能力良好，尤其是对常温下的矿物油、柴油、润滑油；在紫外光的作用下会泛黄，但对性能的影响不大，加入某些紫外光吸收剂可以减轻泛黄现象；对酸碱较敏感，易被侵蚀，测试其性能可作模拟浸泡试验。另外，像所有的热塑性塑料一样，热塑性聚氨酯可以循环使用，在新的热塑性聚氨酯中加入少量回收材料，不会对产品的质量带来任何影响。

（1）热塑性聚氨酯拉管气垫：主要借助热塑性聚氨酯的优异物理机械性能，回弹性能高，抗刺穿性能、抗裂纹增长性能优异，耐冲击强度较高。一般生产的拉管气垫用在后跟部位，减震功能显著。而且颜色可以多种变化，丰富多彩的效果给运动鞋的视觉效果锦上添花。

（2）热塑性聚氨酯灌油气垫：形象一点应该称为“液垫”，但是因为其功能主要是减震，所以归在气垫一类。其利用了热塑性聚氨酯的耐油性和高弹性，常

用于后跟部和腰窝部位，用来减震和稳定脚部的翻转。

4.POLIYOU

由PU改进而生产制成。POLIYOU鞋垫具有以下特点：

（1）材料本身具有良好的透气性、吸湿性。POLIYOU鞋垫首先采用开放性PU材质，有90%以上的流通小孔，良好的透气性是普通海绵的5倍以上，可有效地将脚汗迅速吸收并排出鞋外，避免鞋垫吸入湿气渗透到脚部，保持脚部的干爽。

（2）POLIYOU鞋材中含有新型的抗菌防臭及降温特性。加入具有极强除臭效果的活性炭，具有宽广的杀菌范围，其范围涉及革兰氏阳性细菌、革兰氏阴性细菌、真菌（霉菌、酵母菌）和藻类等，通过杀死这些细菌而起到有效的防臭效果。因为在制造过程中直接添加除臭能力最强的活性炭，所以能保证鞋子不臭，而且长久有效。

（3）POLIYOU抗菌剂的耐久性。POLIYOU产品中的抗菌剂是以化学方式结合在POLIYOU海绵及纤维表面，抗菌覆膜不溶于水和一般干洗溶剂，耐温耐湿，抗菌效果持久。

（4）POLIYOU材料的耐压缩性及高弹性。POLIYOU材料因其主体成分为弹性和强力较好的聚氨酯，因而耐压缩性及耐磨性均非常优秀，其他材料难以相比。POLIYOU的高弹性来自本身全开性PU材质，弹性远远超过封闭或半开放性材质，同时它能一直维持原来的形状，弹性永远不会疲乏，能让双脚在步行、跑步或长期站立时得到更妥善的保护。

（二）按使用部位分类

1.全掌气垫

全掌气垫轮廓同大底的轮廓，开窗外露式全掌气垫，与大底边缘结合处的气室厚度为10～20mm，壁厚为1～1.4mm，较软，回弹性高；中间部分气室厚度较小，为2～6mm，弹性差，起横梁支撑作用；中间实心部分厚度为2～3mm，起联结作用。前掌最薄处厚度一般为10mm，后跟最厚厚度一般为20mm，整个气垫从后跟到前掌是一楔形结构。

开窗系列结构还有以下3种：

（1）缘气室为一整体结构。

（2）缘气室从跖趾关节部位断开为3个气室。

（3）在跖趾关节和腰窝部位都断开，整个边缘分割为6个气室，腰窝处的气室厚度最厚，可达23mm，既可以减震，又可以起支撑稳定作用。

2. 后跟气垫

后跟气垫结构、形状多样，颜色丰富，是最常用的气垫设计。

3. 前掌气垫

前掌气垫比较薄，减震和回弹性比后跟部位要求较小，形状有两种：

（1）类似脚的前掌形状：跖趾关节处特殊设计，其余均同全掌气垫的前掌部分。

（2）管状气垫：管径较后跟气垫小，其余均同后跟管状气垫。

4. 腰窝气垫

腰窝气垫较厚，起支撑和稳定作用。多为隐藏式，可以为卵形，无气柱设计；也可以是边缘光滑的菱形，与腰窝部分紧密贴合。

（三）按在底部的位置分类

1. 大底气垫设计

采用大底气垫肘，冰刀鞋的大底具有较厚的结构，并设计出一系列类似六角蜂巢结构的独立气室，可用于前掌部位及后跟部位。蜂巢式结构早已被证实是大自然中最佳的几何结构，兼具高强度及质量轻等优点，这类设计的大底在减震及大底轻量化上很有意义。

2. 中插部位气垫设计

中插部位气垫主要是成型气垫，内部封入气体或液体，气垫一般放置在后跟部位或前掌部位。

3. 鞋垫配套设计

一般将气垫嵌置在鞋垫的前掌及后跟等强调减震的部位，可以根据需要将气垫放置在活动鞋垫的上头或者下方，与脚直接接触，较为舒适。

（四）按内部充入的物质分类

1. 空气气垫

这是目前普遍使用的气垫，通过吹塑工艺或拉管工艺，再结合具体的要求，将一定气压的空气封闭在不同形状的气垫内，实现减震功能及能量回归功能，工

艺简便，气体来源广。

2. 惰性气体气垫

将惰性气体封闭在气垫内，可以放置在大底的任何部位。这是一种新型的轻型缓冲减震系统，使缓冲性能极限化，减轻了冰刀鞋的重量。因为鞋子越轻盈，意味着滑冰速度更快、舒适性更强。

3. 液垫

液垫由一个密闭的气室或者几个密闭但彼此相通的小气室组合而成，类似于气垫的减震垫，里面的液体可以根据需要，冲入油或者硅胶液等液体，可以用于后跟腰窝部位的减震。

4. 硅胶垫

硅胶垫设计类似于液垫，但是把硅胶液或者油等液体换成硅胶球。硅胶球被包封在一个密闭的扁形气囊中，做成减震气垫后嵌置于中插里面，可依据需要装在冰刀鞋鞋底的后跟部位和前掌部位。

（五）按充气方式分类

1. 成型气垫

成型气垫一般是在生产过程中，根据不同的使用部位及不同的材料，充入不同气压的气体或者充入不同体积的液体之后封口，与大底的结合属于组合式。换句话说，就是气垫内气体的压强或者液体的体积在气垫成型后是固定不变的。

2. 可调式气垫

可调式气垫内部的条件可以根据不同的运动需求和穿用者不同的脚部情况、气垫的装置位置不同、接触面积的大小不同而改变。可调式气垫一般装置在中底上，也有用于帮面部件的，通常为一组气垫，具有可以充气和调节内部气压的充气阀和放气阀。从而只要轻按充气阀数下或者按放气阀数下，就可以得到合适的气压，从而获得最佳的合脚性和舒适性，还可以稳固地撑住脚背及脚踩部位，使其免于速滑运动伤害。

（六）按照气垫形状分类

1.Air Max

Air Max气垫减震性强且较厚，可以分担速滑运动员所负荷的强大力量。

2.DMX6

DMX6是一种气流流动减震系统，随时随地为速滑运动人士提供缓震与稳定效果，它由两部分气流交换系统组成。在足跟部位，有五个流动气囊，之间由管道连接，在前位置，有一个气囊同样由一个气体流通管道与足跟部五个气囊相连接，具有缓震及分压效果。

速滑运动时，运动员足跟压向地面，此时位于足跟各气囊的空气，由足跟内侧压向地面，同时，逼向中足及前掌，在前掌着地时，产生良好的减震效果。

第四章

冰刀鞋防损伤性及能量回归设计

冰刀鞋的防损伤性和能量回归是冰刀鞋研究领域的一个重要方面，该领域研究开展时间不长，它是冰刀鞋生物力学研究的一个分支。防损伤性主要的研究内容集中在关节运动角度的研究。与冰刀鞋防损伤性相关主要关节集中在下肢，尤其是足踝关节角度的研究。但是，单纯的足踝关节运动角度有时不能反映出下行力线导致的损伤，所以，膝关节、髋关节甚至脊柱角度都应当包括在冰刀鞋的防损伤评估范围之内。当前冰刀鞋防损伤评估使用的设备主要是三维动作捕捉系统，该系统近年来功能日益强大，对于足踝、下肢、脊柱、颈椎的分析可以精确到0.5°之内。它对于足部关节运动安全范围的分析数据为冰刀鞋功能设计提供了可靠数据。此外，冰刀鞋的能量回归研究在近些年也方兴未艾。冰刀鞋的能量回归反映了鞋子的人体工效学性能，能量回归越好的鞋子在运动时就会越省力，对运动成绩的提升效果也会更加显著。

第一节　冰刀鞋的防损伤及能量回归设计要求

一、冰刀鞋防损伤性设计

冰刀鞋防损伤性十分重要，它对于降低速滑运动员常见运动损伤具有显著效果，尤其对于下肢损伤效果最为明显。其中足踝防损伤效果最佳。根据对国家速滑队运动员损伤调查发现，运动损伤的部位和比例见表4-1为：大腿31.67%，膝关节21.67%，腰部15.33%，颈背部3.45%，小腿6.66%，足踝17.4%[1]。

表4-1　速滑运动员常见损伤部位

部位	大腿	膝关节	腰部	颈背部	小腿	足踝
比例	31.67%	21.67%	15.33%	3.45%	6.66%	17.4%

虽然速滑运动员足踝损伤所占比例不大，但是冰刀鞋导致的其他部位代偿损伤却非常高，如大腿损伤达到了31.67%，因为人体是一个完整的生物力学链

条。足踝的角度异常如果得不到改善，那么人体就会在其他关节产生代偿纠正，代偿纠正会改变原来的力线，这会导致有害代偿的发展，关节角度进而发生错位。这说明冰刀鞋对于人体的损伤预防具有重要作用，它是运动员预防损伤的基础（图4-1）。

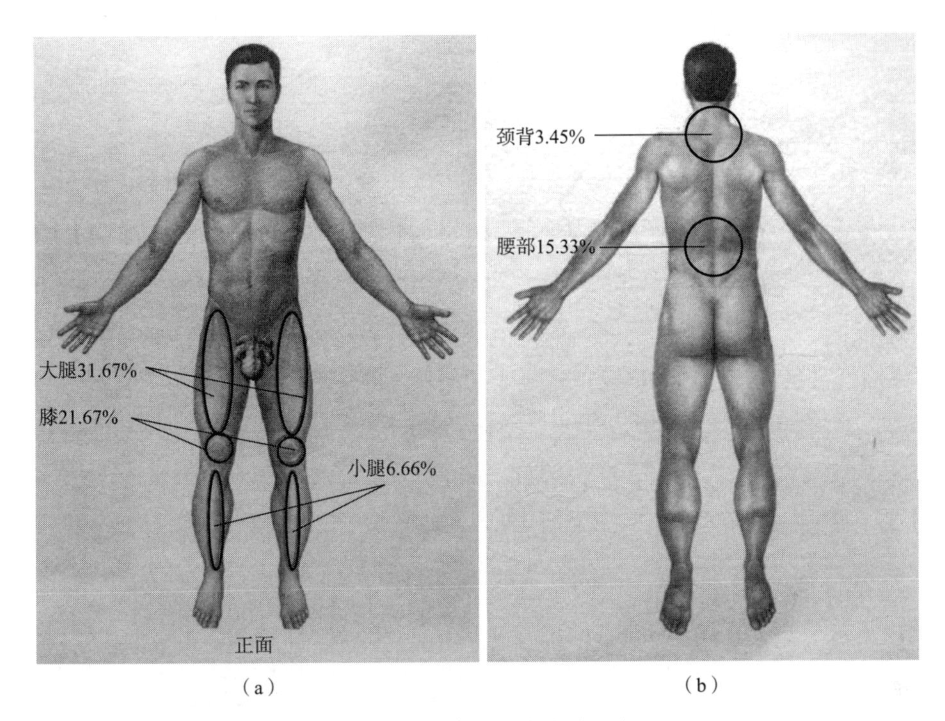

（a）　　（b）

图4-1 运动损伤的部位和比例

二、冰刀鞋能量回归设计

冰刀鞋的能量回归设计在国际著名品牌冰刀鞋的设计中有突出体现，这也是近些年冰刀鞋科技提升的一个主要方面。冰刀鞋的能量回归主要是节省运动员的额外能量消耗，让有效能量最大化应用到提升速度上。目前国际上应用最多的是鞋身材料、鞋垫材料以及冰刀材料的更新换代。此外，能量回归还与鞋楦设计、鞋垫结构、刀桥结构设计密切相关。

第二节　冰刀鞋防损伤及能量回归设计说明

一、冰刀鞋防损伤性设计

冰刀鞋的防损伤性设计主要体现在鞋帮、鞋楦和鞋垫上。三者组合而成的成鞋在防损伤功能设计中起着决定性作用。首先，鞋帮的防损伤功能主要体现在结构设计上，同时它对材料支撑强度也有较高要求。一方面鞋帮的防损伤结构主要是支撑补强功能，它的主要功能是保持足部运动角度在一个合理的范围内，防止力线异常造成的损伤。鞋帮防损伤主要集中在三个部位，第一个部位是足跟部位，防止跟骨内翻异常。第二个部位是鞋腰窝部位，是为了防止足弓下塌造成的力线内移。第三个部位是前掌部位，主要是为了防止前足过度旋前造成的第一跖趾关节外翻应力集中（图4-2）。

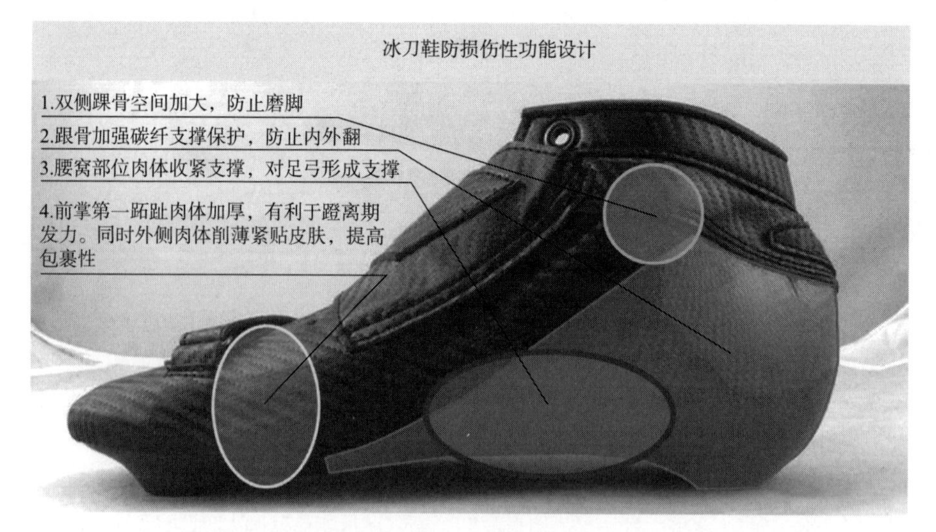

图4-2　冰刀鞋的防损伤性功能设计（图片来源：冬奥专项冰刀鞋项目组）

其次，鞋楦的防损伤主要体现在鞋楦肉体安排上，第一，鞋楦的围度要合理，它比正常皮鞋和运动鞋围度要小一个型差，这是为了更好地提升包裹性，并且可以让运动员迅速发力。第二，在鞋楦第五跖趾部位肉体设计偏薄，紧贴脚面，这是为了更好地提升包裹性[2]。第三，鞋楦的内外踝形态设计空间较大，与实际脚型趋向一致。这是为了适应坚硬后身支撑，目的是提供稳定，防止崴脚造成的踝关节扭伤。

冰刀鞋鞋垫设计在发达国家得到普遍应用，其效果也相当突出。具体设计和功能见“冰刀鞋鞋垫设计”一节。

二、冰刀鞋能量回归设计

冰刀鞋能量回归设计主要体现在鞋体重量、刀桥结构、鞋身合脚性和鞋垫设计四个方面。冰刀鞋的鞋身一般采用碳纤维材料，其重量比传统皮革和玻璃纤维、增强不饱和聚酯、环氧树脂等材料重量要轻50%。重量的减轻对于运动员的能量回归效果帮助很大。一般情况下，鞋的重量每减轻10g，人体能量回归效率提高1%[3]。碳纤维发明之前，速滑鞋的重量普遍高于5kg（一双），使用超轻碳纤之后的速滑鞋重量降到了3.5kg以下。对于竞技速滑鞋来说，能量回归降低代表其有效功率提升。速度同时会得到提升，成绩也会更加突出。能量回归除了鞋体的材料改进以外，冰刀的材料改进也很重要，以前的冰刀都是用的全钢设计（65#锰钢）。全钢设计的优点是刀体的硬度较好，韧性也较佳，但是其重量也相应增加。现在的冰刀普遍使用组合式设计，刀身部分使用铝合金材料，刀刃部分继续使用锰钢。每双鞋刀体的重量比传统全钢结构减轻了250g以上。

此外，冰刀的刀桥结构对于冰刀鞋的能量回归也很重要。传统冰刀鞋的刀体与鞋身都是两点固定，不可活动。而克莱普冰刀鞋则只有前端固定，其后端可以与刀桥分离。它节省了运动员在抬刀阶段额外的能量消耗，增加了小腿三头肌和大腿股四头肌的持续发力时间，并且膝关节的伸展角度增大、力臂减小发力强度更大[4]，这也是克莱普冰刀鞋自参赛以来屡破世界纪录的原因所在。

另外，鞋身合脚性设计对冰刀鞋能量回归影响也很大。贴脚的鞋子能够提高运动员的能量回归效率，降低额外能量消耗。一般来说，鞋子围度做大了，运动员的脚在鞋内晃动，脚为了寻找到稳定的受力点会调节在鞋内的位置，这就消耗了时间和能量。此外，在运动中脚在不同弯道改变姿态时还要不断调整着力点的位置，这会极大降低滑行速度并浪费能量，所以，高端速滑鞋都是量脚定制的。一些国际选手的鞋子都采用量脚定制。但是，我国目前还未在该领域实现突破。当然，鞋腔尺寸过小也会对能量回归造成影响。因为鞋子过小运动员感到夹

脚或挤脚，运动时足底不敢用力。这导致上身的能量代偿增加，整体的能量消耗异常增大。

鞋垫在鞋类能量回归中一直扮演着重要角色。在马拉松运动中，鞋垫的反弹对于运动员的能量回归可以提升30%以上。其在冰刀鞋上的应用也具有同等效果。以前的冰刀鞋垫都是传统EVA材料制作，其反弹能力相对较小，近年来超临界EVA和碳纤维鞋垫的应用使得鞋垫的反弹效果大幅提升。其能量回归效果增加显著，并且碳纤维鞋垫的厚度只有原来鞋垫的1/3，这使得鞋身的体积和重量也得到减小。

参考文献

[1] 王建斌. 震动力量训练对男子短道速滑运动员下肢力量影响的研究[J]. 科技资讯,2019,17(20):2.

[2] 陈国学. 关于鞋的舒适性与鞋楦设计的研究[J]. 中国皮革,2005,34(22):3.

[3] 王永祥,李建设,王佳音. 运动鞋能量回归设计的生物力学研究[J]. 浙江体育科学,2008,30(5):3.

[4] 王永祥,李建设,王佳音. 裸足运动鞋的生物力学研究[C]. 第12届全国运动生物力学学术交流大会论文汇编,2008.

第五章

冰刀鞋的帮面造型设计

随着我国经济社会发展和人们生活水平的不断提高，滑冰运动爱好者逐渐增多。冰刀鞋穿着对象主要有两种，一种是业余滑冰爱好者，另一种是专业滑冰运动员。对于前者来说，冰刀鞋外观造型正成为消费者日渐关注的一个重要内容，这也符合消费者服饰消费的一般规律。有研究表明，一个国家或地区人均国内生产总值（GDP）达到1000美元时，人们会逐渐关注产品的精神属性，这种精神属性主要通过产品造型美感、个性、风格内涵以及品牌知名度和品牌价值主张表现出来。而且，人均国内生产总值越高，产品的这种精神属性表现也越强烈，这在服饰消费领域里表现得尤为明显。目前，我国人均国内生产总值已突破10000美元，这种情况下，冰刀鞋帮面（款式）造型设计无疑将对其市场表现发挥日益重要的作用，在冰刀鞋定价和实用功能没有明显突破的时候，冰刀鞋外观造型是否新颖、好看、时尚，将成为消费者最为关注的因素。因此，冰刀鞋设计研发人员除对其特定功能进行深入研究和不断探索突破外，对其外观造型的创新设计也应予以高度重视。

冰刀鞋帮面造型设计属于造型艺术领域，进一步说，属于艺术与技术相结合的实用造型艺术领域。所谓实用造型艺术，是指能满足人们日常生活或生产实际使用需求的一种实用造型艺术，例如，冰刀鞋及其他鞋靴、服装、箱包等同属人们日常生活中具有实用价值的服饰品，其造型设计便属于实用造型艺术领域。实用造型艺术有自己需遵循的设计方法与原则，在实用造型设计领域不同的产品甚至是同一产品不同品类其造型设计的具体要求也会有所不同。

冰刀鞋作为一种健身娱乐和比赛竞技使用的服饰品，帮面造型设计也需遵循服饰品设计的一般性原则，这些原则主要包括以下几个方面。

（1）冰刀鞋帮面造型设计如果面对专业运动员，那么其造型变化不能影响其滑冰速度、滑冰稳定性等核心功能。

（2）冰刀鞋帮面造型设计需满足主辅材料供给、生产技术可行、成本控制及盈利等企业生产经营要求。

（3）冰刀鞋帮面造型设计需满足穿着者对其穿着舒适和牢固耐用方面的要求。

（4）冰刀鞋帮面造型设计需跟踪和遵循流行时尚。

（5）冰刀鞋帮面造型设计需遵循产品造型形式美构成法则。

（6）冰刀鞋帮面造型设计需满足不同消费人群的特定审美偏好和风格喜好。

（7）冰刀鞋帮面造型设计需满足不同消费人群对冰刀鞋新造型的接受度。

受性格、地域、职业、年龄等因素的差别影响，不同消费者对冰刀鞋有不同的审美偏好和风格喜好，这种审美偏好包括对冰刀鞋的形态（形体）、色彩、材质肌理、图案、装饰工艺、配件等造型元素呈现出的某种具体美感，它们也是冰刀鞋造型构成六元素。

冰刀鞋帮面造型设计是设计师在遵循上述设计一般性原则基础上，对这些造型构成元素进行既新颖又适度的创新变化。为满足多数消费者对冰刀鞋外观造型新颖个性方面的接受度，冰刀鞋帮面造型创新变化更多是一种“微”创新，即轻度创新和介于轻度和中度之间的创新更能满足大众市场，但如果帮面造型创新变化得过于微小，以至于消费者难以感受到，那么，这种创新变化也就失去了意义和应有作用。冰刀鞋外观造型创新度越高，消费者数量就越会大量减少。如果产品定位就是满足少数较个性的消费者，那么，设计师对冰刀鞋的帮面造型变化就可掌握到中高度。

不同鞋靴品类或同一品类功能需求不同，其造型构成元素在帮面造型设计变化中运用的造型元素种类以及发挥作用也不尽相同。例如，用于滑冰业余爱好者健身娱乐穿着的冰刀鞋，其帮面造型元素运用与变化的种类相对多一些；而用于专业运动员竞技比赛的冰刀鞋，则运用与变化的造型元素种类和形态元素变化形式相对少一些，这主要是考虑凹凸不平的材质肌理或形态元素某些变化形式会给运动员的滑行速度带来些许影响。

冰刀鞋六个造型构成元素中，形态、色彩、材质肌理三个元素属于冰刀鞋帮面造型基本构成元素，图案、装饰工艺、配件三个造型元素之所以将它们单列造型元素，是因为图案、装饰工艺、配件三造型元素在冰刀鞋帮面造型设计中具有相对独立的审美价值和市场作用。当然，设计师在对冰刀鞋进行帮面造型变化时，也不是对以上六个造型元素同时进行设计变化，运用和设计变化造型元素的种类和数量需根据流行情况而定，通常设计变化2～3个造型元素就可以了。

此外，设计师除运用和把握以上六个造型元素可以给冰刀鞋带来丰富多变的新颖造型，另外还有一些元素可以对设计师运用和把握造型元素产生或大或小的影响，我们将这些元素称为造型关系元素，包括：大小、数量、位置、方向、组织、空间。其中，某个造型元素的大小和数量变化可以给冰刀鞋帮面造型设计

带来不同的视觉影响效果及心理感受，大小和数量变化到一定程度时，甚至可以改变冰刀鞋的风格，进而影响到消费人群取舍。而某个造型元素的位置和方向变化更适合于冰刀鞋外观造型的系列变化。在各造型关系元素中，组织元素对冰刀鞋帮面造型设计影响最大，这种影响主要是通过设计师对点状或线状造型元素的精心组织造型变化来实现。空间造型关系元素在冰刀鞋的帮面造型设计中运用和变化相对较少。

第一节　冰刀鞋的帮面形态造型元素设计

形态造型元素除了分为立体形态和平面形态两种形式外，还分为抽象形和具象形两大类型。冰刀鞋帮面形态造型元素分为立体形态和平面形态两种基本形式。立体形态指的是呈现出长、宽、高（厚或深）三个维度空间的一种形态形式；平面形态指的是只呈现出长、宽两个维度空间的一种形态形式。冰刀鞋平面形态又包括帮面实际分割和非实际分割两种平面造型形式。所谓实际分割平面造型，指的是帮面分割开后再拼缝起的一种平面造型形式；非实际分割平面造型指的是设计师通过某种装饰工艺而非实际分割帮面材料呈现出的一种平面造型形式。例如，设计师在帮面上可以通过辑假线、穿条、起梗、印刷等装饰工艺手段分割出一种平面造型形式，这种帮面非实体形态分割形式可以使冰刀鞋帮面呈现出一种含蓄、低调的平面造型变化，由于是非帮部件实际分割再拼接出的平面造型，因此，这种平面造型不能呈现出不同材质肌理拼接所形成的一种对比造型效果。实际工作当中，设计师多数时候会采用帮面实际分割再拼缝起来的平面造型形式，这种平面造型形式与非实际分割造型平面造型形式相比，既可以通过对比较强的不同材质肌理或色彩帮面材料拼缝，形成新颖度较高的造型效果，也可以通过对比较弱的不同材质肌理或色彩帮面材料拼缝，形成含蓄内敛新颖度较低的造型效果。

形态造型元素是冰刀鞋帮面造型重要的基础性构成元素，是设计师常用于冰刀鞋造型设计的一种造型元素，由于冰刀鞋的鞋底装有冰刀，因此，冰刀鞋形态造型元素设计主要是通过对其帮面形态的设计把握来实现其造型上的千变万化。由于形态造型元素在被设计成某种造型形式时可能会给冰刀鞋穿着舒适性、结构设计与制板、批量生产加工、成本控制等方面带来或大或小的影响。因而，设计师在运用和设计变化冰刀鞋帮面形态造型元素时，除了要考虑冰刀鞋帮面造型的新颖、美观、时尚，同时还要考虑对以上因素的影响，要在穿着舒适性、结构与制板合理性、生产可行性、成本控制、盈利、新颖、美观、时尚等诸多关联因素中寻求一种较好的设计平衡点。

一、冰刀鞋帮面平面形态设计

冰刀鞋帮面平面形态设计在冰刀鞋形态造型设计中应用较为普遍，是设计师在冰刀鞋造型设计中运用较多的一种变化手段。与冰刀鞋帮面立体形态造型相比，平面形态造型相对较易实现，也较节省材料成本，另外，平面形态造型变化空间大、范围广，也是其被广泛运用的主要原因之一。基于此，平面形态设计成为冰刀鞋帮面造型差异化、拉开产品市场表现以及体现企业设计研发水平的一个重要领域。冰刀鞋帮面平面形态设计多数时候是采用帮面实际分割的方式来开展，并且这种帮部件平面分割造型方式又通常会结合不同材质肌理搭配或色彩搭配来进行，这样既能突出平面造型效果，同时又能显示出不同材质肌理或色彩搭配带来的魅力。

（一）冰刀鞋帮面平面设计形式分类

冰刀鞋帮面平面形态设计可呈现出多种形式，从帮面分割后的平面形态组织形式上分主要有：平行式分割造型（图5-1）、非平行式分割造型（图5-2）、交叉式分割造型（图5-3）、相交式分割造型（图5-4）。交叉式分割造型指的是两个或多个分割线垂直或倾斜相互贯穿分割形成的一种形式；相交式分割造型指的是两个或多个分割线垂直或倾斜汇聚结合到一点形成的一种形式。从帮面分割后的造型形式上分主要有：开放式分割造型（图5-5）、封闭式分割造型（图5-6）、半封闭式分割造型（图5-7）、直线形分割造型（图5-8）、曲线形分割造型（图5-9）、熟悉形分割造型（图5-10）等。其中，后三种帮部件平面形态分割造型形式还可以细分出许多形式。

图5-1　平行式分割造型

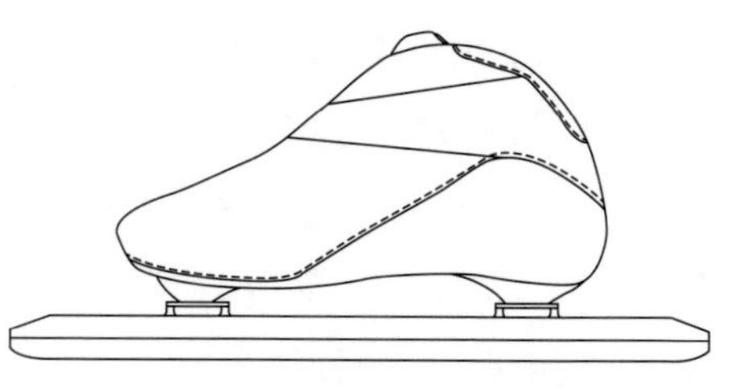

图5-2　非平行式分割造型

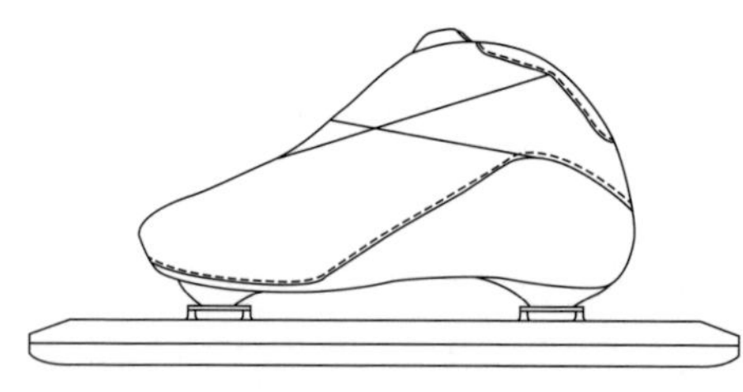

图5-3　交叉式分割造型

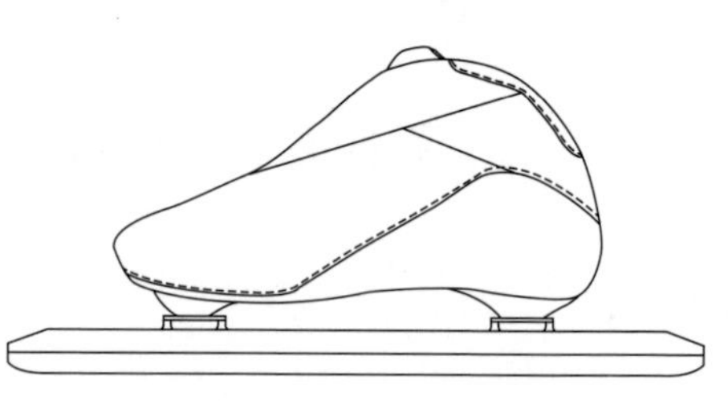

图5-4　相交式分割造型

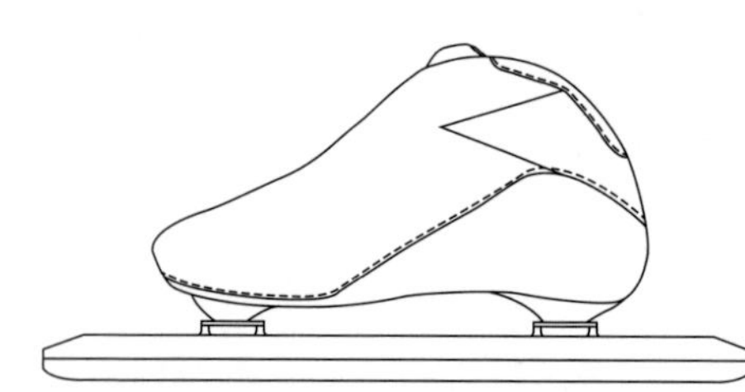

图5-5　开放式分割造型

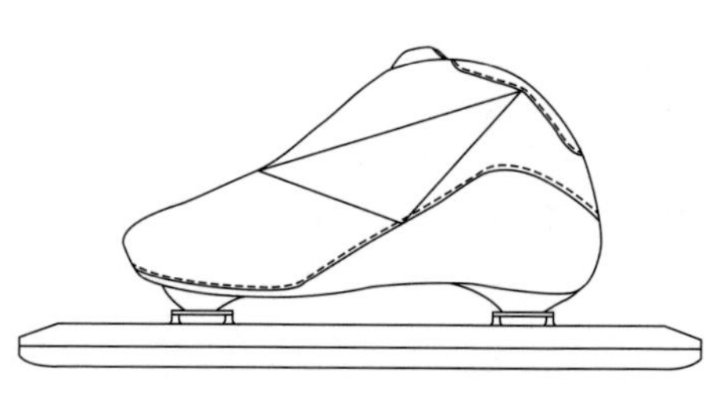

图5-6　封闭式分割造型

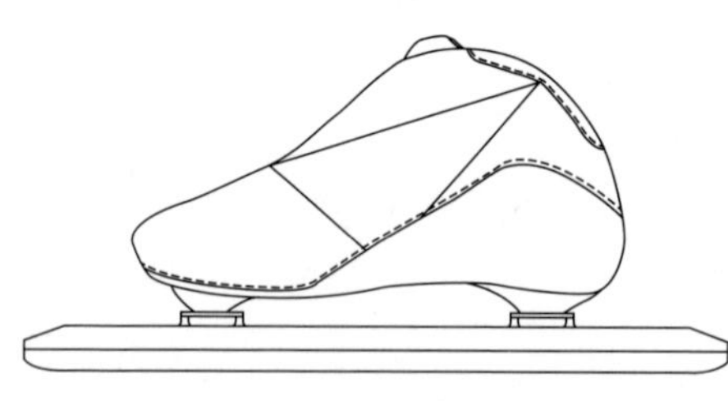

图5-7　半封闭式分割造型

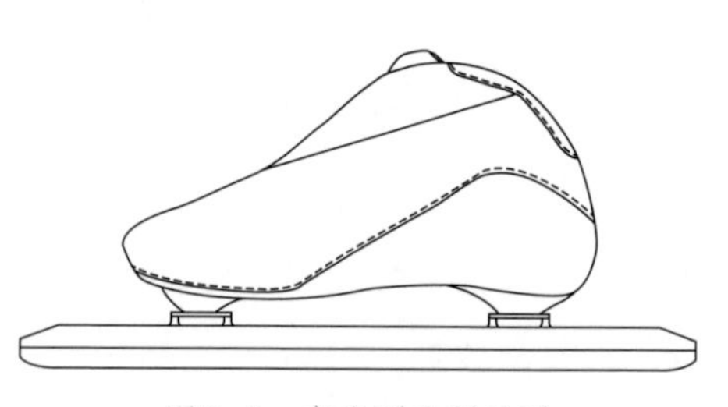

图5-8　直线形分割造型

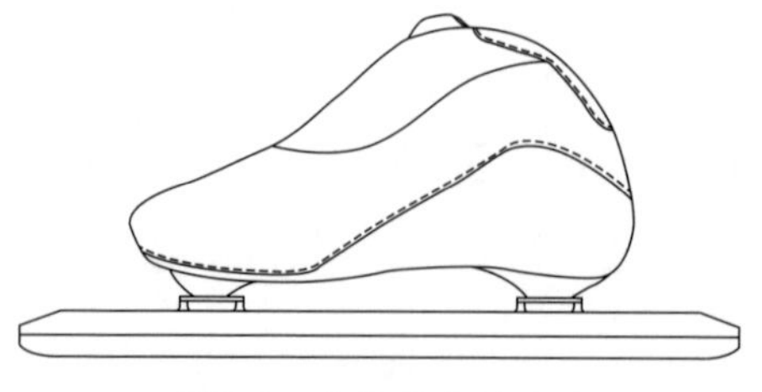

图5-9　曲线形分割造型

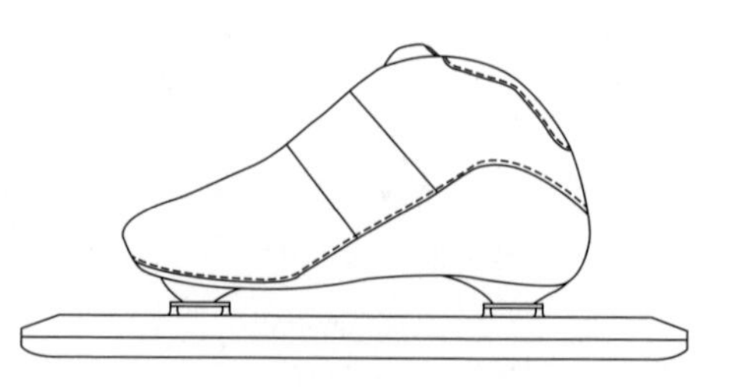

图5-10　熟悉形分割造型

（二）冰刀鞋帮面平面形态设计原则

冰刀鞋帮面平面形态设计实质是对帮部件廓型的一种设计变化和把握，冰刀鞋作为一种工业品和市场商品，其帮面平面形态设计既要遵循形式美的构成法则，又要遵循企业生产经营要求，同时还要满足市场需求。这些遵循和满足构成了冰刀鞋帮面平面形态设计基本原则。

（1）冰刀鞋帮面平面形态设计需简洁、大方。冰刀鞋与市场上其他品类鞋靴商品有着同样的审美属性，都要在造型上表现出一种简洁美。简洁非简单，简洁表现的是一种少而精的创新变化，而简单是没有变化或重复简单变化。冰刀鞋帮面平面形态设计要获得简洁、大方的造型效果，其帮面上的分割线条数量和拐弯都要少。

（2）冰刀鞋帮面平面形态设计需易于批量生产加工，并且在批量加工过程中缝帮人员不宜出错。帮部件平面形态设计如采用的是实际分割平面造型形式，就会涉及将分割后的两个或多个帮部件拼缝在一起的生产加工问题，而不同平面形态的帮部件其拼缝难易度不同，例如，曲度深的平面形态帮部件拼缝在一起的难度要大于曲度浅的平面形态帮部件拼缝。再如，曲度较深并且较小的平面形态帮部件拼缝在一起的难度要大于曲度浅并且较大的平面形态帮部件拼缝。

（3）冰刀鞋帮面平面形态设计需尽量有利于帮面材料套裁。对于用较高档次真皮或超纤材料的冰刀鞋来说，其帮面平面形态设计的套裁性较好可为企业节省较多的帮面材料支出经费，尤其是产量较大时，这方面的成本节省效益就更加突出。

（三）冰刀鞋帮面直线平面形态设计

冰刀鞋帮面直线平面形态设计是设计师运用直线在帮面上做的一种分割造型变化。冰刀鞋帮面直线平面形态设计相较于折线、曲线、熟悉形等形状平面形态设计，这种形状平面形态造型设计最利于企业生产加工，也最为省料。直线平面形态造型设计能给消费者带来硬朗、挺拔、干练、率真的审美感受，帮面直线平面形态有多种设计表现形式，分别是：水平直线分割平面形态（图5-11）、垂直直线分割平面形态（图5-12）、斜直线分割平面形态（图5-13）、折线分割平面形态（图5-14）等四种，其中，直线中的折线帮面分割造型变化所形成的平面形态造型最为丰富，通常情况下，设计师在冰刀鞋上只用一条折线在帮面上做分割造型变化，折线设计变化点主要在于折线弯折角度大小、折线位置、折线弯折角方向和折线弯折两边线条长短等四个方面的变化（图5-15～图5-17）。同样，设计师通常在冰刀鞋帮面上也只用一条直线做分割造型变化，设计变化点主要在于直线在冰刀鞋帮面上的位置和角度两方面的变化，这时设计师要特别注意直线分割后两个或多个平面形态帮部件的大小比例是否合适。随着冰刀鞋帮面上直线或折线分割线条数量的增加，其平面形态造型变化的空间也会随着增大。因此，设计师有时也会采用两条或多条直线或折线对冰刀鞋帮面进行分割造型变化，并通过平行、非平行、相交、交叉等多种直线分割形式，为冰刀鞋寻求丰富多变的直线平面形态造型变化。

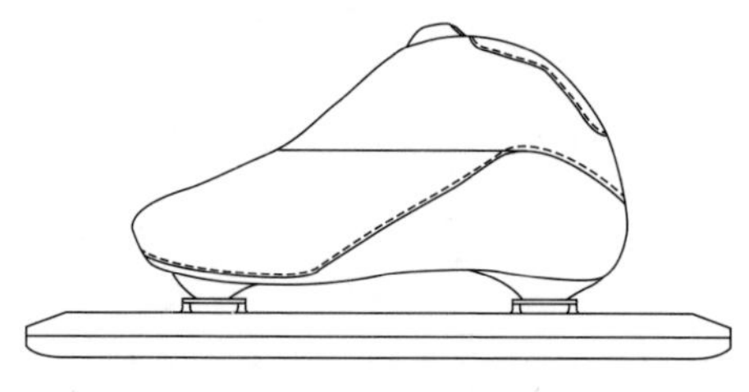

图5-11　水平直线分割平面形态

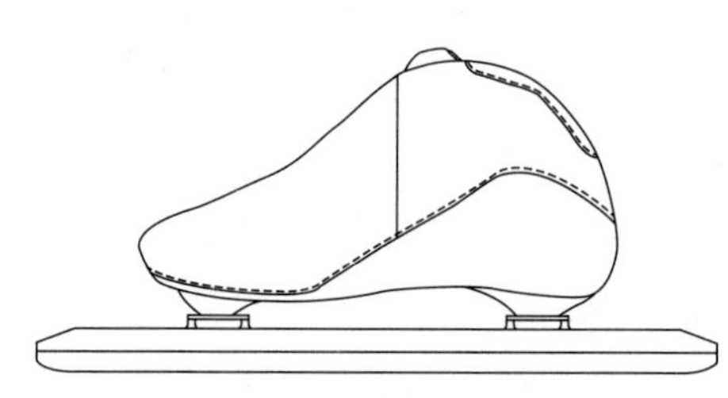

图5-12　垂直直线分割平面形态

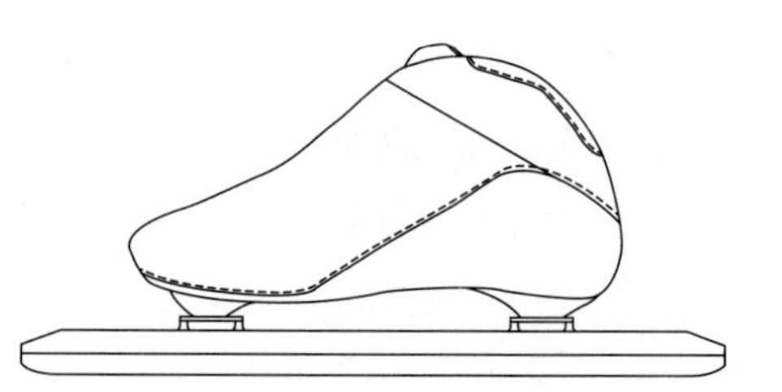

图5-13　斜直线分割平面形态

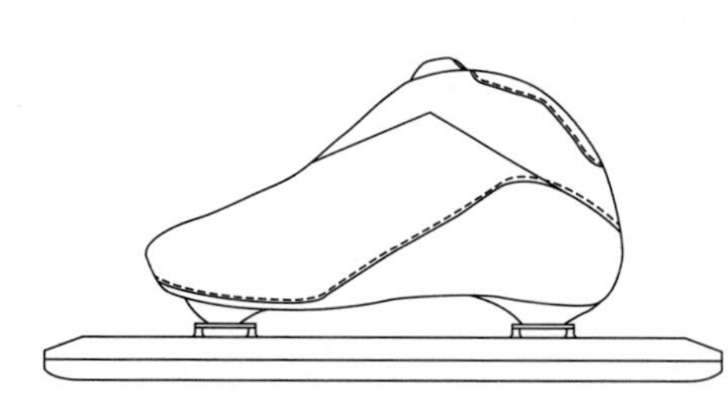

图5-14　折线分割平面形态

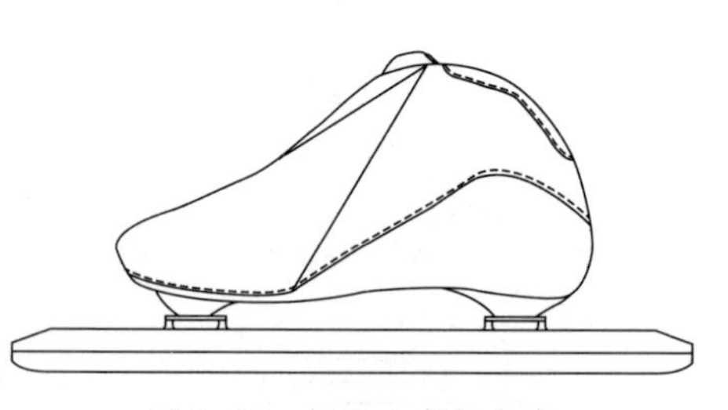

图5-15　折线小弯折角度

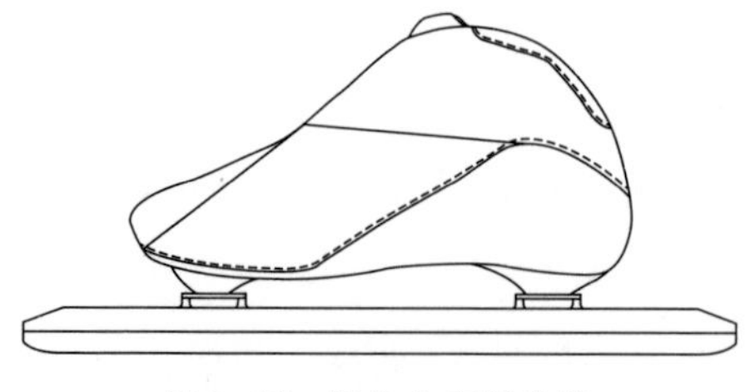

图5-16　折线大弯折角度

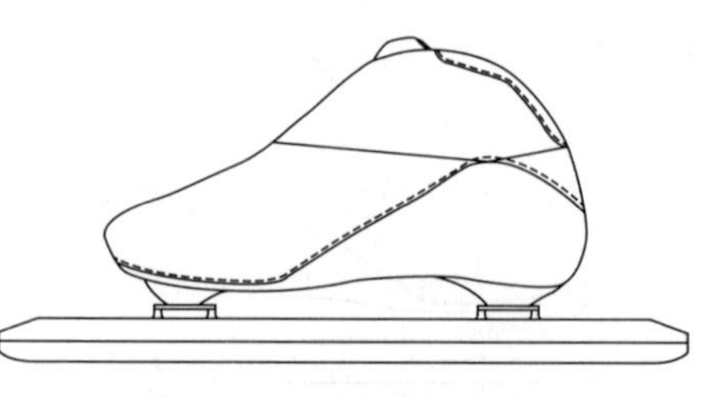

图5-17　折线位置变化

（四）冰刀鞋帮面曲线平面形态设计

冰刀鞋帮面曲线平面形态设计是设计师运用曲线在帮面上做的一种分割造型变化。曲线分割造型主要有几何曲线（规则曲线）分割造型（图5-18）和自由曲线分割造型两种形式（图5-19），这两种形式还可以细分出多种曲线分割造型形式。冰刀鞋帮面曲线平面形态能给消费者带来一种优美、柔和的审美感受。规则几何曲线和个性飘逸的自由曲线给消费者带来不同的审美感受，前者带给消费者的是规整、端庄的审美感受，后者带给消费的是飘逸、浪漫的审美感受。两种曲线形式虽有不同的审美特点，但总体上它们都比较符合女性消费者的审美偏好，因此，曲线平面形态设计更适用于女冰刀鞋的造型变化。几何曲线设计变化点主要在于位置和双几何曲线或多几何曲线组织造型两方面的变化，几何曲线可以是半圆几何曲线，也可以是四分之一圆几何曲线。几何曲线在冰刀鞋上进行对称组织造型或有节奏感的组织造型较易获得一种变化效果（图5-20）。自由曲线设计变化点主要在于曲线的弯曲凸起部位形状、曲线弯曲凸起部位方向、曲线弯曲凸起部位位置和曲线两个端点帮面位置等四方面的变化。一般情况下，冰刀鞋上只用一条自由曲线进行分割造型，而且这一条曲线拐弯数量通常控制在一个或一个半（图5-21）。少数时候，冰刀鞋上也可以用双自由曲线或多自由曲线进行分割造型，为保持冰刀鞋帮面平面形态造型的简洁性和整体性，双自由曲线和多自由曲线尽量进行对称、平行、对齐、有节奏地排列组织。

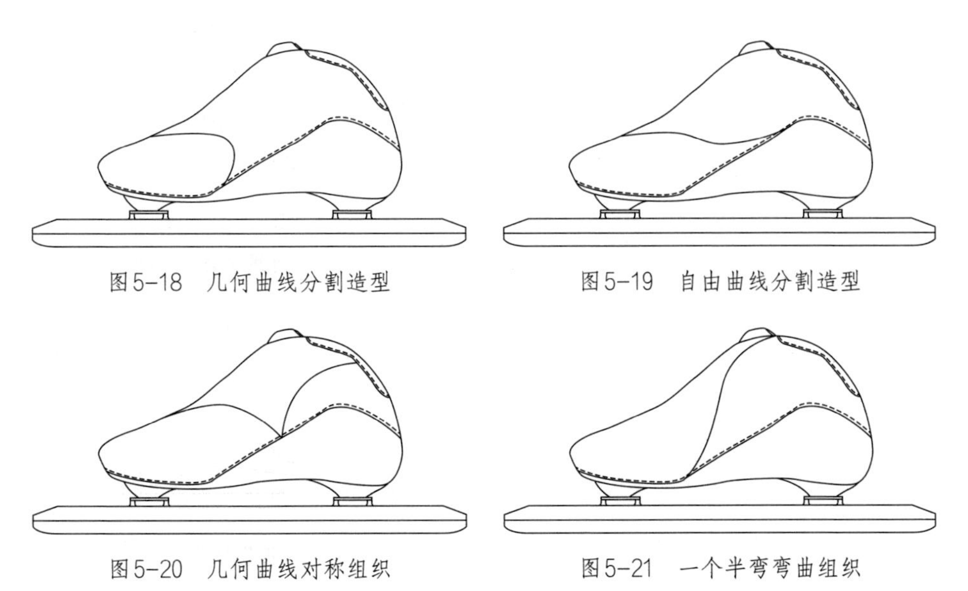

图5-18 几何曲线分割造型

图5-19 自由曲线分割造型

图5-20 几何曲线对称组织

图5-21 一个半弯弯曲组织

二、冰刀鞋帮面立体形态设计

鞋靴帮面立体形态造型设计主要指的是设计师对其帮面进行一种三维空间造型形式的把握。由于多数立体造型形式多少都会对滑冰者的滑冰速度产生一定影响，因此，立体形态设计只适合于在滑冰业余爱好者使用的冰刀鞋帮面上应用。冰刀鞋帮面立体形态造型变化可以给这种鞋带来较强的造型新颖性，能吸引一些追求较强个性表现的消费者的注意。但由于这种造型形式又较易使产品单位产量降低和人力成本增加，因此，设计师应在充分考虑产品成本控制要求和新产品能否盈利的情况下，决定是否在冰刀鞋帮面上采用和设计变化立体形态造型形式。

图5-22　叠片形式帮面设计

鞋靴帮面立体形态造型有多种造型形式，较常见的有开闭结构、翻折、绗缝、扭花、叠片等几种形式。叠片形式帮面如图5-22所示。

（一）冰刀鞋帮面开闭结构立体形态设计

鞋靴帮面开闭结构立体造型是一种较特殊的立体形态，这种立体形态也叫缚脚结构立体形态。所谓鞋靴开闭结构，顾名思义指的是鞋靴打开与合上的一种结构，是将鞋靴缚紧于脚，使鞋靴“跟脚”的一种结构。鞋靴开闭结构包括拉链、系带、襻带、橡筋等几种常见形式，几种形式设计方法基本相同，这里重点介绍拉链装饰性开闭结构立体形态设计。

设计师在冰刀鞋上运用和设计拉链装饰性开闭结构同样也要先在其帮面上做简洁、新颖的平面分割造型变化。冰刀鞋拉链装饰性开闭结构平面分割造型有两种基本形式，一种是拉链合上的造型形式，这种形式相对易于加工生产；另一种是拉链打开的造型形式，这种形式虽然加工生产相对复杂一点，但打开的拉链造型效果相对突出一些，看上去更吸引人。合上的金属拉链造型适宜直线分割造型或稍有一点弧度的曲线分割造型，合上的尼龙拉链其弧度曲线分割造型可适当大一些，如图5-23所示。打开的拉链造型分为曲线打开、直线打开、曲线与直线结合打开、双层打开等多种形式。为能顺利安装上拉链头，拉链打开的最大角度以能安装上拉链头为限。合上拉链造型和打开拉链造型设计变化点首先是寻求简洁、新颖的帮面平面分割造型，其次是寻求它们的位置变化和方向变化。另外，这两种造型形式也不适合水平方向表现，与系带开闭结构一样，那样它们会失去开闭结构造型意义，因此，拉链开闭结构造型通常也会被设计成垂直方向或倾斜方向。

图5-23 拉链闭合结构设计

（二）冰刀鞋帮面翻折立体形态设计

翻折立体形态造型在女式冰刀鞋上较常见，这种立体造型运用与设计可以为女式冰刀鞋带来新颖、大方的造型效果。所谓翻折立体造型，是将单纯用于造型变化的帮部件的一个边固定在女式冰刀鞋的某处，然后向后翻折所形成的一种造型形式。翻折立体造型一般设计在女式冰刀鞋口沿处，也可以将其设计在女式冰刀鞋其他部位。冰刀鞋上的翻折立体造型有多种形式，如双部件相对翻折、双部件相背翻折、两个或多个部件连续翻折等。单从造型效果看，这些翻折造型形式要比一个部件翻折更具造型艺术感和新颖性，但从简化工艺及减少单位产量工时消耗、节省材料等生产成本控制角度考虑，冰刀鞋上做一个部件翻折较适宜。翻折立体造型设计变化点主要集中于翻折部件的形状变化、色彩变化、材质肌理变化以及上面的图案变化和装饰工艺变化等几个方面。一般情况下，设计师只需设计把握其中二到三个变化点就可以了。除翻折部件形状设计变化点外，设计师运用与设计其他变化点要视流行情况、特定消费人群审美偏好、产品基本风格定

图5-24 翻折立体形态设计

位、季节产品风格组合而定。翻折立体形态设计如图5-24所示。

（三）冰刀鞋帮面绗缝立体形态设计

绗缝装饰工艺立体造型可以给冰刀鞋带来一种饱满、厚实的审美效果，较适合用于冰刀鞋上。绗缝立体造型是在帮面材料与里料之间添加海绵或其他柔软填充物，再从外部将三者缝合在一起所形成的一种有凹凸感的造型形式。绗缝立体造型一般在冰刀鞋靴筒帮面上直接运用和设计，也可以单独设计和制作出来，然后加装在冰刀鞋上。这种单独呈现的绗缝立体造型，其廓型变化是设计师要重点把握的设计变化点，绗缝立体造型另一重要设计点是绗缝形成的每个凸起单元的廓型变化。绗缝分为纵向绗缝、横向绗缝、斜向绗缝、直线绗缝、曲线绗缝、交叉绗缝、平行绗缝、局部绗缝等形式，其中，直线交叉绗缝最为常见，这是因为此种绗缝形式加工生产最为方便，同时也容易与其他产品雷同而失去意义和作用，而局部绗缝出几个具有新颖廓型的凸起造型相对较易获得新颖效果。以上不同形式绗缝既可以单独表现，也可以有规律地组合在一起表现。

第二节　冰刀鞋的帮面色彩造型元素设计

色彩在包括冰刀鞋在内的各种服饰品设计中占有重要地位。有研究表明，相比形态和材质肌理两个造型元素，色彩造型元素可第一时间让人类视觉感官感觉到它的存在，并同时产生某种心理感受和意识反应，色彩也是最为感性的一个造型元素，对女性消费者来说，这种感性作用尤其明显。因此，冰刀鞋配色效果对其市场表现产生重要影响。色彩造型元素包括色相、纯度和明度三个属性，其中，色彩的色相差异对人类及消费者的影响最大，色彩纯度和明度对不同的人发挥不同的作用，相对来说，人们会对色彩纯度差异反应更敏感一些。

一、冰刀鞋帮面色彩造型元素设计特性

（一）客体性

客体性是相对设计工作主体设计师而言，之所以提出色彩设计客体性，是因为色彩造型元素与其他造型元素相比其感性较强。有的设计师或设计管理人员容易不自觉地将自己的色彩主观感受或偏好带到新产品配色中，而这可能会对新产品的配色效果产生不良影响。因此，设计师在对冰刀鞋帮面色彩造型元素设计把握时，一定要处于“无我”状态，全身心地深入了解和追踪企业定位的特定消费人群的色彩审美偏好，准确预测和把握流行色，只有这样，设计师为冰刀鞋开展的配色工作才有可能做好。当然，色彩造型元素设计客体性并不是说设计师面对色彩造型元素无所作为，面对特定消费人群以及每季较多的流行色，设计师应能凭借多年对企业定位的特定消费人群的色彩偏好以及流行色、常规色，及时、敏锐、准确地判断出消费人群能接受哪些流行色、喜欢哪些常规色及色彩搭配，并有能力将这些流行色和常规色组织搭配好。

（二）流行性

流行性是各种服饰品普遍具有的一个重要特性，冰刀鞋作为一种服饰品自然也会具有这种特性。设计师在冰刀鞋帮面造型设计中，能否准确预测和把握其流行色，将对冰刀鞋帮面造型设计效果产生重大影响。冰刀鞋属于运动鞋中的一个品类，其色彩流行受运动鞋影响较多，基本特点是配色纯度较高，无彩色和特性色运用较多。其中，常规无彩色中的白色和特性色中的金属银色运用较为普遍，如图5-25所示。流行色一般会流行多组不同的色彩，而不同地域、性别、

图5-25 冰刀鞋无彩色配色设计

年龄、职业、民族的消费者都有自己不同的色彩偏好，这就要求设计师需根据自己多年积累的配色经验进行选择。流行色在每季新开发的整盘货品中是按一定比例配置的，并不是所有新品都用流行色，配置数量及比例由设计管理人员根据以往销售情况确定。通常情况下，常规色配置比例较大，个性色配置比例最小。

（三）从属性

从服饰品带给人的整体装扮作用及效果来看，鞋、帽等服饰品装扮作用要小于服装，无论是服装对人的实用功能，还是服装在人体上的位置和体积，都使得鞋、帽处于从属地位。而在正式场合或为了提升着装品位，一般要求服装与鞋靴在风格和造型上保持一致性和整体性，其中，造型一致性中就包括色彩搭配的一致性。由此，从上述角度出发，包括冰刀鞋在内的其他鞋靴配色就有了从属性这一特性。冰刀鞋色彩与运动服装色彩之间的搭配从属性，有整体从属搭配和局部从属搭配两种形式。整体从属色彩搭配指的是冰刀鞋由某个单一色彩表现，而这个单一色彩又与服装色彩保持一致的搭配。局部从属色彩搭配通常指的是冰刀鞋由两色搭配而成，其中，较大面积的主体色与服装色彩保持一致。另外，色彩从属性特性还表现在儿童冰刀鞋配色从属父母的色彩偏好，这种色彩从属在小童冰刀鞋上表现得尤为突出。例如，多数时候，儿童会喜欢鲜艳的色彩，如图5-26所示；而市场上出现的一些白色或黑色儿童冰刀鞋就是父母替儿童做主造成的。当然，一些追求个性表现或不注重着装整体搭配的滑冰业余爱好者，不会追求冰刀鞋帮面配色与服装色彩的统一性和整体性。

图5-26　儿童冰刀鞋配色设计

二、冰刀鞋帮面色彩造型设计常用组织形式

冰刀鞋帮面色彩造型元素设计组织形式主要有单一色彩配色、两色同类色配色、两色对比色配色等三种组织形式。

单一色彩配色是指设计师运用某一种色彩相貌特定表情意象赋予冰刀鞋色彩魅

力，提升其整体造型美感。常用的单一色彩有黑色、白色、灰色、红色、橙色、粉色、银色等。黑色在男冰刀鞋中使用较多，女性选择黑色冰刀鞋主要是考虑与黑色运动裤搭配，黑色在冰刀鞋上可以表现穿着者一种内敛的激情和端庄大气的格调。白色是高贵、优雅、纯洁的表情意象，深受女性消费者喜爱，并且又与白色冰面高度协调统一，因此，白色在女式冰刀鞋中使用相当广泛，女性滑冰者在白色冰面上穿着白色冰刀鞋以及白色运动服，可充分展现其高贵端庄和优雅飘逸的风姿。灰色在冰刀鞋中使用较少，这里所说灰色指的是无彩色系中的中性灰，多数时候灰色是与黑色或白色搭配使用。灰色与黑色搭配多用于男式冰刀鞋，搭配时多以黑色为主，用于男式冰刀鞋上的灰色一般明度较低，透露出一种平和、稳重的性格。灰色与白色搭配多用于女式冰刀鞋，搭配时多以白色为主，而女式冰刀鞋上的灰色一般会使用明度较高的浅灰色，这种浅灰色可表现一种高雅、平和的气质。红色在中国象征喜庆、吉祥，同时，红色所表现出的激情、动感、热烈又与滑冰这种快速运动所表现出的热情、动感高度吻合，因此，红色在冰刀鞋上使用也较为广泛，并且男女式冰刀鞋都适用，红色分别与白色、黑色、银色搭配也可获得较好配色效果。如图5-27所示，橙色与红色表现性格接近，同样可以表现激情和热烈，但橙色还可释放出一点“甜”的感觉，年轻一点的女性更喜欢这种颜色。甜美、可爱、纯真的粉色无疑深得少女喜欢，这个年龄的女孩对世界充满好奇，她们是女滑冰爱好者中的主力军，因此，粉色在滑冰鞋中也较为常见。粉色与白色搭配较多，多数时候这种搭配以白色为主。银色属于金属色，也有将其称为特性色。银色所表现出的速度、激情、科技感使其在冰刀鞋上出现的频次也较高，银色多用于男式冰刀鞋上。银色与黑色或红色搭配用在男式冰刀鞋上可取得较好效果，女式冰刀鞋上较少出现单一银色配色，银色通常作为点缀色与白色进行组合。

图5-27 冰刀鞋红色配色设计

第三节　冰刀鞋的帮面图案造型元素设计

图案造型元素在冰刀鞋帮面造型设计中发挥着重要作用，因此，这种元素常被设计师用于冰刀鞋的帮面造型变化。图案虽然也是由形态、形状构成，但是许多图案都有自己特定和清晰明了的含义，这使得图案在许多场合和产品上具有了相对独立的价值，即具有了创新设计的价值。另外，图案相较于其他造型元素又易于在产品上实现，并且实现方式丰富多样。

不同时期、地域、性别、年龄、民族、职业、文化等方面的人会有不同的图案偏好，同时，图案流行时尚对人喜欢何种图案也会产生很大影响，另外，不同品类和风格的产品也会对使用何种图案有一定影响。因此，设计师在进行冰刀鞋帮面图案设计变化时，既要考虑特定消费人群会喜欢哪些素材图案，又要考虑下一季或当下流行哪些素材图案以及这些流行图案以何种方式实现，还要考虑自己设计的产品品类适合哪些素材图案。此外，设计师在冰刀鞋帮面上设计运用图案还要考虑如何节约成本，并在不影响设计效果和穿着使用的前提下，尽量以最经济、方便的方式将图案呈现出来。

一、冰刀鞋帮面常用图案的基本类型

图案类型丰富多彩，可从不同方面进行分类。冰刀鞋帮面上常用的图案，从形象上分有抽象图案、具象图案和卡通图案三种，其中卡通图案属于半具象图案，多数卡通图案来自设计师对自然景物、动植物或人为物品的提炼概括，这种图案较多被设计师用于儿童和青少年穿着的冰刀鞋上。从来源素材上分有风景图案、动物图案、植物图案、人物图案、人为图案五种。其中，人为图案又包含很多素材类型，如几何图案、传统图案、标识图案、文字图案、数字图案、符号图案、迷彩图案等。从图案呈现方式上有印刷图案、印染图案、编花图案、刺绣图案、手绘图案、镂空图案、冲孔图案等。从图案占据空间形式上分有平面图案、立体图案。从图案构成形式上分有连续图案、角隅图案、独立图案，其中，连续图案又分为二方连续图案和四方连续图案两种。

二、冰刀鞋帮面图案造型元素设计基本方法

（一）直接法

冰刀鞋帮面图案造型元素直接设计法，是指设计师将已存在的某种图案直接用于其造型变化中的一种设计法。图案直接设计法中所选用的图案，一般都是冰刀鞋企业圈定的特定消费人群较为熟悉或是运动鞋下一季将要流行的一些图案。图案直接设计法并不是说设计师没有设计空间和不需要做任何设计变化，设计师对选用的已有图案色彩和材质肌理，可根据细分消费人群的审美偏好进行有针对性的变化，同时，利用这些变化也可将产品系列化。另外，设计师运用直接设计法还可以通过对图案的大小、位置、数量、方向、组织造型等造型关系元素的运用与变化，使直接拿来使用的图案能在冰刀鞋上具有某种程度的新颖感，尤其是将这些现成图案通过某种组织造型变化可以使其呈现出较高的新颖性，如图5-28所示。

图5-28 冰刀鞋直接法图案设计

（二）概括提炼法

图案造型元素概括提炼设计法是指设计师对自然景物、动植物或人为物品三大素材类型中的某种具体素材外观造型，遵循和按照美的形式构成对其形体和色彩进行概括提炼的一种设计法。图案常见美的形式构成有比例构成形式（“黄金分割比例”）、对称构成形式、呼应构成形式、节奏构成形式、流行构成形式、协调构成形式、对比构成形式、均衡构成形式等。图案概括提炼设计法相对其他设计法设计出来的图案更具原创性和新颖性，也更能体现设计师的价值和作用，是设计师广泛运用的一种设计法。设计师运用概括提炼设计法要遵循两个重要原则，一是概括提炼后的图案需保持某种具体素材原有的造型特征，二是概括提炼后的图案要具有美的构成形式。

（三）解构法

图案造型元素解构设计法是指设计师将图案拆解开，使其呈现出某种新颖性的一种设计法。图案解构设计法有两种设计变化手法，一种是将图案的某个局部拆解开然后拉开一定空间，拉开的图案边缘处可做一定的变化，从而增加一定的新颖感；另一种是将图案拆解开后再重新组合。前一种设计手法图案原有造型特征保留较多，人们容易识别，较易使人接受，后一种设计手法有时可使图案原有造型特征失去较多，图案原有含义和美感就会失去。因此，设计师运用后一种设计手法一定要注意保持图案原有的造型特征。如图5-29所示的线性图案解构设计，如图5-30所示的云纹图案解构设计。

图5-29　冰刀鞋线性图案解构设计

图5-30　冰刀鞋云纹图案解构设计

图5-31　冰刀鞋的几何图案与卡通图案组合设计

（四）组合法

图案造型元素组合设计法包括两种，一种是设计师在某个图案旁边或这个图案的某处移植嫁接过来另外一个图案或某个图案的局部，使其组合出新颖感的一种设计法。另一种是设计师对图案造型拆解重新组合或通过一定数量进行组织造型变化，使其具有新颖感的一种设计法。前一种设计手法嫁接组合一般要求大的图案素材类型一致或相近。例如，动物图案应与动物图案组合，植物图案应与植物图案组合。当然，如果设计师有意要追求一种趣味性图案组合，也可以将不同素材类型图案进行组合。另外，文字、数字、字母等特殊图案可以与其他任何素材类型图案进行组合。

组合时，前一种图案组合设计法一般要求嫁接组合过来的图案形体明显小一些，但嫁接组合过来的图案颜色或形体则要突出或新颖一些，如图5-31所示的几何图案与卡通图案的组合设计；后一种图案组合设计法一般是用两个或多个同一图案排列组合出某种新颖组织造型。

第六章

冰刀鞋的结构设计

冰刀鞋是指从事冰上运动时所穿着的鞋类，主要有速滑冰刀鞋、花样滑冰冰刀鞋和冰球冰刀鞋。由于速度滑冰比的是滑冰的速度，所以该鞋上所选用冰刀的刀比较长，刀刃比较窄，鞋底较硬，一般为平跟。根据穿着者和穿着用途，速滑冰刀鞋分为业余滑冰冰刀鞋、专业训练冰刀鞋和专业比赛冰刀鞋。它们在材料的选择上、鞋体的加工上都有所不同。例如，业余滑冰冰刀鞋外观新颖、色彩鲜艳，所用材料较低廉、生产加工简单；专业训练冰刀鞋和专业比赛冰刀鞋款式不一定吸引人，但合脚性很强，所用材料考究，注重运动员穿着时的舒适度，尤其专业比赛冰刀鞋会加入一些高科技的、能提高运动成绩的元素。本章以专业比赛冰刀鞋的常规款为例，介绍其结构设计和样板制作过程。

第一节 冰刀鞋的结构介绍

冰刀鞋属于专业运动鞋，它是由鞋和冰刀两部分组成，冰刀具有固定的形状与尺寸，其材质性能要求较高，在此不过多介绍。而冰刀鞋在满足普通运动鞋的基础上，更注重裹脚、舒适、不变形、保暖等要求。

冰刀鞋属于开口式运动鞋结构，鞋的后帮一般包裹住脚的踝骨，增加脚的稳定性，从鞋帮的高度上划分属于矮靴，一般花样滑冰的冰刀鞋后帮比大道滑冰鞋的后帮低，以增加脚踝骨活动的灵活性。传统的冰刀鞋都是以系带来调节鞋的开闭功能，如图6-1所示。为了增加鞋的穿脱便捷性和封闭性，现在许多冰刀鞋都采用拉链加可调芭扣的开闭结构，从而较好防止冰碴进入鞋腔、减少风阻、有利提高滑行速度，如图6-2所示。

图6-1 系带式冰刀鞋

图6-2 拉链+芭扣冰刀鞋

冰刀鞋的帮部件主要有鞋壳、上片（眉片）、眼片、侧饰片、鞋舌、前身盖片、内里、鞋身海绵等帮部件（图6-3）。

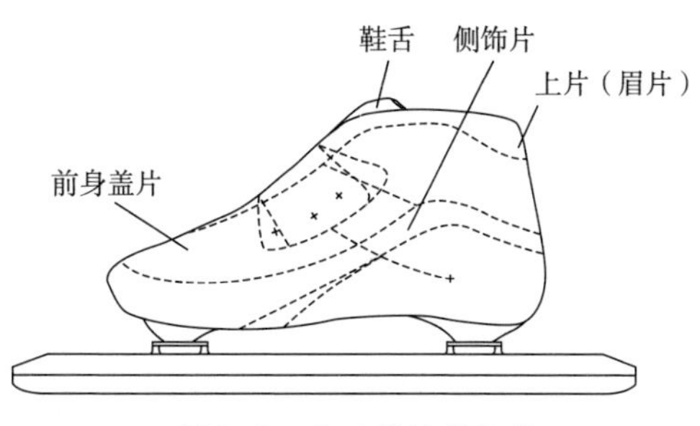

图6-3 冰刀鞋的帮部件

鞋壳要有一定的强度、硬度和保型性，采用注塑成型或模压工艺，一般使用玻璃纤维或碳纤维，碳纤维的整体性能优于玻璃纤维，具有热塑性、包裹能力强、更易合脚等优点，但价格较贵。上片、眼片、侧饰片等部件一般使用强度、耐寒性较好的聚酯材料。前身盖片一般使用真皮或超纤材料。侧饰片、前身盖片一般都要和鞋壳通过热熔焊接在一起。冰鞋的里料要求平整、舒适，一般使用鹅绒或植绒材料，海绵可增加冰鞋的穿着舒适度和合脚性，一般使用具有记忆功能的海绵。冰刀鞋整体而言，要求鞋体重量轻、强度高、具有较好的包裹性、舒适性。一般通过鞋子结构分割、加工工艺和特殊材料来实现。

第二节 冰刀鞋的结构设计方法简介

冰刀鞋是运动鞋的一类，其结构设计与样板制作的方法与运动鞋一样，主要有贴楦设计法、计算机辅助设计和平面设计法。

贴楦设计法也叫经验设计法、立体设计法，一般在鞋楦外侧面贴上美纹纸（或牛皮纸），然后在美纹纸上画出鞋子的部件轮廓，揭下美纹纸并展平得到展平半侧面板，以展平半侧面板为母板，结合材料性能、加工工艺等因素，以及曲面与平面的转换原理，通过分割、对称、取跷等方法获得鞋靴部件样板。在鞋靴部件样板制取时，也可以把展平半侧面板扫描后通过计算机软件制取样板，效率较高。由于楦面是多向弯曲的不规则曲面，通过贴楦设计法能够看到鞋子帮面的直观效果，目前这种方法依然在广泛使用。

计算机辅助设计是鞋靴设计发展的一种趋势，需要使用专业的软件，建立一定的数据库，比如鞋楦库、材料库、装饰工艺库等。计算机辅助设计能够降低

劳动强度、提高设计效率，但前期投入较大，比如软件、设备费用、人员培训等；另外，通过显示器看到的设计效果不如在实物楦上的效果直观、准确，加之从业人员的观念和文化素质也影响着计算机辅助设计的普及。当然随着设计软件的成熟和配套服务与设施的健全，计算机辅助设计将会取代传统的经验设计。

平面设计法是在纸张上通过绘图的方式完成鞋靴的结构设计，比如三角逼近法，六点设计法等。在平面上进行设计、绘画，相对于楦面绘画较为容易便捷，但由于鞋子是一个不规则的多向弯曲几何体，平面设计误差较大。而六点设计法是在贴楦设计法基础上进行的平面设计，首先，贴楦、选取设计点、制取展平面，然后，以展平面为基本框架，进行平面设计，该方法相对准确简便，但鞋楦造型的不同，也需要反复贴楦。

以上各种鞋靴结构设计方法各有优势和局限性。无论使用哪种结构设计方法，都必须掌握鞋靴结构设计的基本原理，了解加工工艺和材料性能，才能做到准确、可行。本书中冰刀鞋的结构设计采用贴楦设计法，主要从设计原理和方法角度进行阐述。

第三节 冰刀鞋的结构设计举例

一、常用工具

设计使用的工具主要有：布带尺、铅笔、钢板尺、刻刀、垫板、美纹纸、冲子、剪刀、橡皮等（图6-4）。

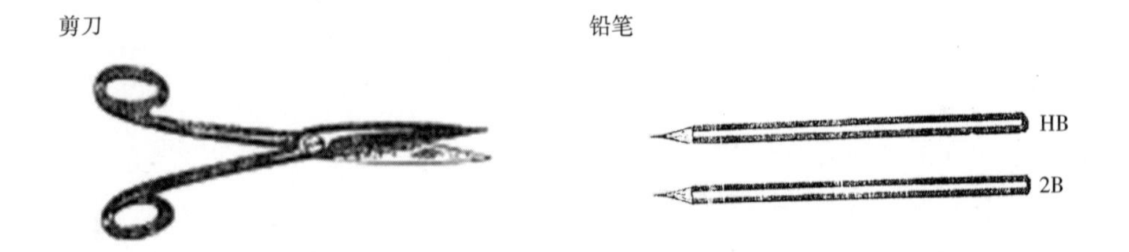

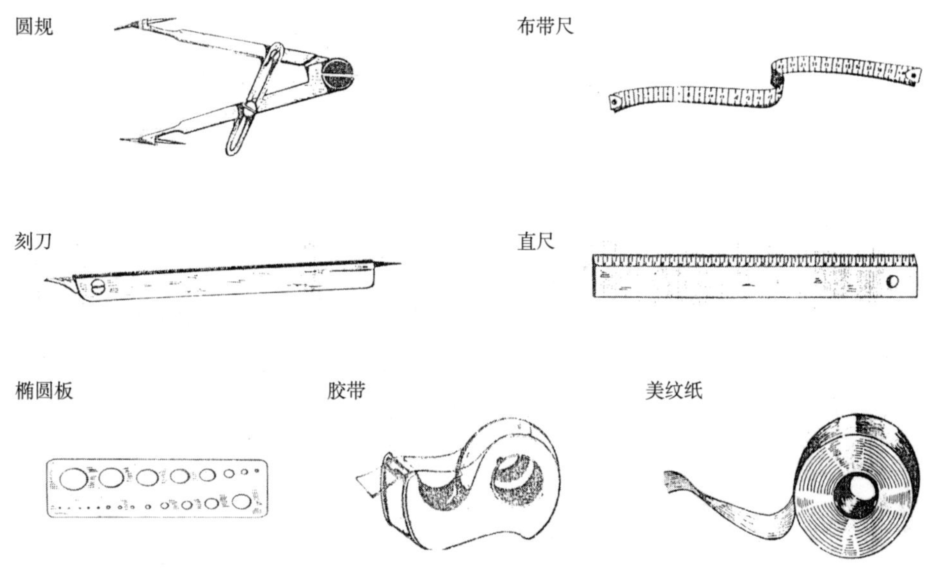

图6-4 冰刀鞋结构设计常用工具

二、贴楦

传统的贴楦法使用牛皮纸和汽油胶，在鞋楦的半侧面（一般是外侧面）刷上汽油胶后贴上牛皮纸，在楦面的牛皮纸上画出鞋靴的轮廓和部件分割线，然后揭下牛皮纸展平修整后制取样板。

美纹纸是以淡乳色皱纹纸为底基制成的胶带，有较好的强度和柔韧性，表面上可进行描画、擦改。随着美纹纸的出现，贴楦设计更加便捷方便，现在基本采用美纹纸进行贴楦设计。美纹纸的宽度从2cm到4cm不等，在具体使用时根据个人习惯而定。

在确定好合适的鞋楦后，根据鞋靴款式结构进行贴楦。贴楦分为贴半楦（楦外侧面）或全楦（整个楦面都贴），也可局部贴全楦。一般都贴半楦进行结构设计。

贴半楦时，先沿背中线和后跟弧中线粘贴，使美纹纸边沿分别与背中线、后弧线对齐贴平。两条中线上不能有褶皱，楦面上贴不平时允许有分散的小褶皱或剪口。自楦前头到后跟贴上两三长条美纹纸作为“骨架”使用。以免揭楦展平时长度方向上变形过大，进而影响样板制取的准确性，如图6-5所示。

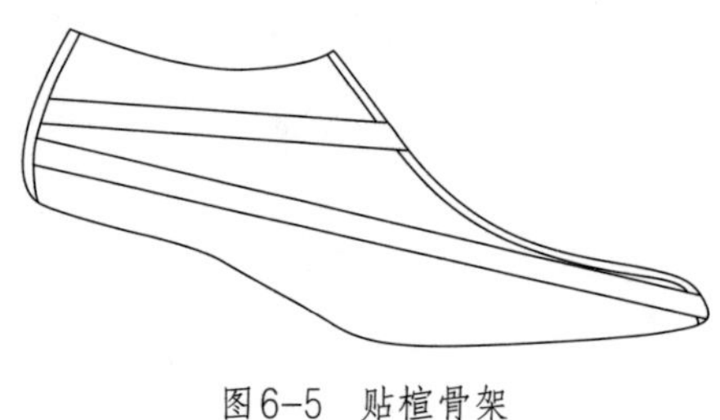

图6-5 贴楦骨架

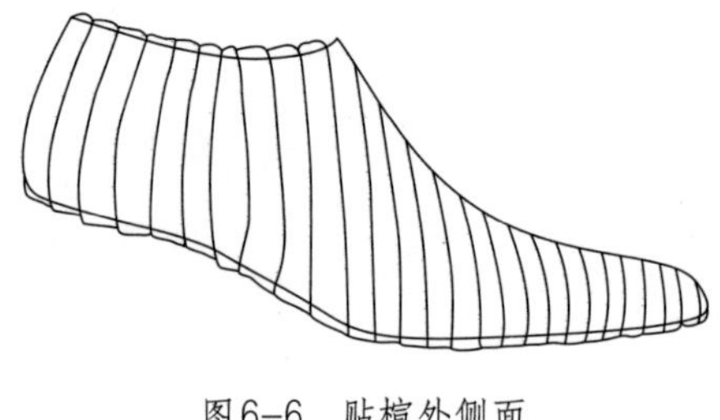

图6-6 贴楦外侧面

用美纹纸贴楦可以采用横向贴、纵向贴和前端横向+后端纵向混合式贴，无论采用哪种贴楦方式，一般要求贴双层美纹纸，后贴的一层美纹纸压住前面贴的美纹纸的一半，直到贴完整个楦侧面，双层美纹纸既保证了强度，同时也不容易变形。在贴楦过程中要保证每一条美纹纸都完全黏合在楦面，并尽量保持平整，如图6-6所示。

贴楦的顺序和揭下美纹纸的顺序一致，即如果从楦前尖贴楦，揭美纹纸时也从楦前尖向后揭，这样避免揭下半侧面时撕开美纹纸。

三、楦面结构设计

（一）确定常用设计点及辅助线

（1）确定楦底前端点A、楦底后端点B、统口前端点C_1、统口后端点C_2。

楦底前端点点A、后端点点B分别是楦底最前端、最后端的中心点，通过眼睛观察、双手卡量找到。楦统口前、后端点也是通过观察和尺子测量确定。

（2）在贴好美纹纸的楦面上画出楦底中线AB，楦背中线C_1A，楦后弧线C_2B。

借助直尺或软尺连接楦底曲线AB，楦背曲线C_1A，楦后弧曲线D_1B，如图6-7所示。每条线连接后用眼观察线条是否流畅，如有歪曲，要进行修顺，确保底中线、背中线、后弧线准确，因为这三条线分别是楦底的中心线，楦面前后的对称中心线，他们的准确直接影响到样板的制取和鞋子的整体效果。

（3）根据脚型规律，在楦底中线上找出脚的特征部位点作为鞋靴结构设计的参照点。由于鞋靴款式不同，可以用于鞋靴结构设计参照点的脚型特征部位点也不同，常用到的脚型特征部位点见表6-1。

（a）

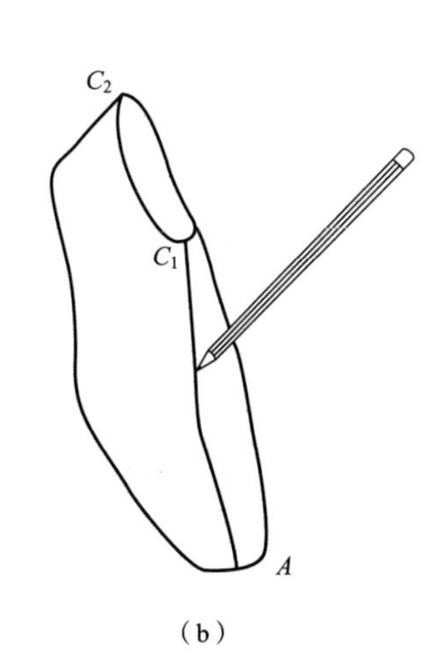

（b）

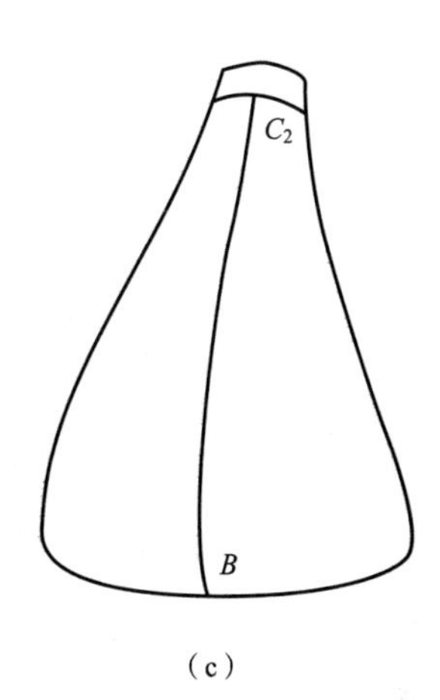

（c）

图6-7 楦底中线、背中线、后弧线

表6-1 常用部位点及其计算方法 单位：mm

部位点名称	计算方法
第一跖趾关节部位A_5	BA_5=72.5%脚长—后容差
第五跖趾关节部位A_6	BA_6=63.5%脚长—后容差
外腰窝部位点A_8	BA_8=41%脚长—后容差
外踝骨中心部位点A_{10}	BA_{10}=22.5%脚长—后容差

根据脚长计算出特征部位点在楦底中线的长度，然后用布带尺从楦底后端点开始沿楦底中线向前量出特征部位长度，就得到特征部位点，过这些特征部位点作底中线的垂线，分别与楦底棱线交于点H_1、点H、点F、点P，如图6-8所示。

点H_1、点H分别是第一跖趾关节、第五跖趾关节部位边沿点，也是跖围的标志点，脚在运动过程中，跖趾关节需要频繁地弯曲活动，一方面

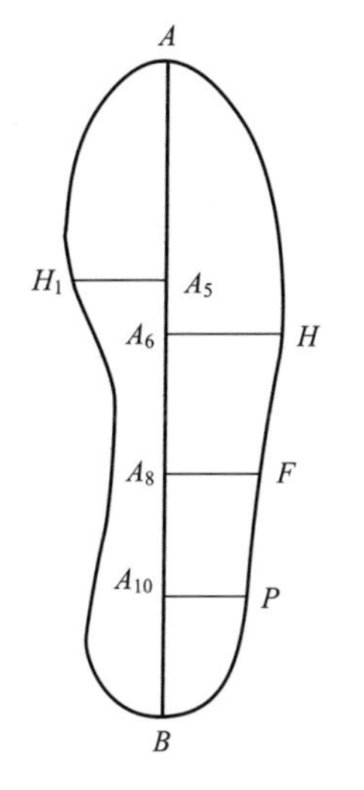

A—楦底前端点
B—楦底后端点
A_5—第一跖趾关节部位
A_6—第五跖趾关节部位
A_8—外腰窝部位点
A_{10}—外踝骨中心部位点

图6-8 楦底部位点

跖围附近的分割、材质都会影响跖趾关节的活动，另一方面鞋靴前后帮的断帮位置应当错开点H_1、点H，以防止由于鞋帮过度弯折而使缝线过早断裂。一般运动鞋的前端开口位置都在跖围附近，对运动速度要求较高的鞋靴，开口位置一般在跖围前端，比如跑鞋、冰刀鞋等。

点F在腰窝部位，在跗跖关节附近，该关节结构稳定，鞋靴的断帮位置一般在点F附近，尤其在鞋靴内侧的腰窝附近。

点P是脚踝骨部位边沿点，通过点P能够找到外踝骨中心部位下沿点P'。一般脚的外踝骨比内踝骨凸起，外踝骨高度比内踝骨低。在设计一些低腰皮鞋时，由于鞋子的材质较硬，踝骨处的鞋帮高低于外踝骨中心下沿点P'，防止鞋帮上口磨脚踝骨。在做分踝处理时，由于内踝骨高，内踝处鞋帮高度可以高于外踝2～3mm。

踝关节也是脚活动最重要的关节之一，该关节前后弯曲活动余量较大，左右弯曲活动余量较小。对踝关节受到冲击小且要求运动速度快的比赛项目所穿的鞋子，一般会露出踝关节以减少运动时踝关节的阻力，最典型的就是跑鞋。运动项目对踝关节冲击大或运动过程更需要保护踝关节时，要求鞋子的后帮较高且有一定的强度与支撑力，能够包裹住踝关节，并对踝关节起到保护作用，比如冰刀鞋、篮球鞋。在滑冰过程中，冰刀鞋刀刃与冰面接触，接触面积小，运动速度快，这就需要冰刀鞋对脚踝骨有较好的包裹性和较高支撑力。因此冰刀鞋的后帮较高，鞋帮面里之间增加记忆海绵，鞋里使用天鹅绒或植绒，鞋面使用高强度树脂材料或碳纤维，这样既增加了对踝关节的保护，又确保穿着舒适性。

（4）根据脚型规律，在鞋楦后弧线上找出后跟突度点D（BD=8.8%脚长），后跟骨上沿高度标志点点C（BC=21.66%脚长）。点D是脚后端最凸的位置，鞋子和脚的该位置要吻合，点C是低腰鞋后帮高度的基准点，根据踝关节活动需求和脚的后弧线形状，低腰皮鞋的后帮高度超过点C 4～5mm即可，太高容易磨脚太低又不易挂住脚。一般250#男鞋后帮设计高度为60mm左右，230#女鞋后帮设计高度为55mm左右。运动、休闲鞋一般在鞋口增加海绵，根据运动需求，鞋子的后帮可以高一些。

（5）用布带尺过第一跖趾关节部位边沿点、第五跖趾关节部位边沿点沿楦面绕一圈，可以量出鞋楦的跖围，同时跖围线与楦面背中线交点V_0，点V_0即为跖趾关节弯曲活动的位置，一般运动鞋开口位置也在点V_0附近，如图6-9所示。

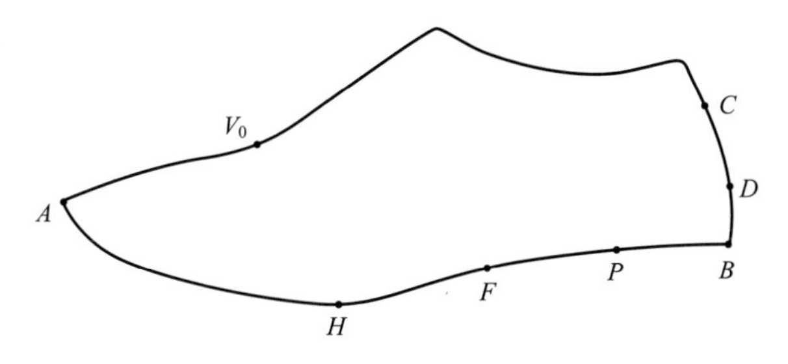

图6-9 楦面设计点

（二）楦面结构设计

（1）后帮高度。冰刀鞋后帮不宜过高，在踝关节弯曲活动部位下方，减少踝关节前后活动阻力。一般男250#冰刀鞋后帮高度在80mm左右，女235#冰刀鞋后帮高度在70mm左右，根据款式、工艺后帮高度可以进行5mm左右的调整。

（2）前脸长度。冰刀鞋后端露出踝关节活动部位，但鞋口必须包裹住踝骨，起到保护踝关节作用，鞋口轮廓是一条后低前高的弧线。鞋子的前脸长度较长，一般在楦统口前端点前10mm左右。

（3）开口位置。在滑冰运动中，运动员不断地蹬冰加速，跖趾关节活动频繁，冰刀鞋的开口位置在点V_0前10mm左右，减少跖趾关节的活动阻力。

（4）开口宽度。冰刀鞋开口宽度单侧宽一般在10～20mm，眼盖较长，开口前窄后宽。

（5）眼位设计。眼位中心线距眼盖上边沿12～15mm，第一个眼位距开口位置12～15mm，其余眼位间距15～20mm。

冰刀鞋的眉片、侧饰片根据运动特点和美感进行流线型分割设计，围盖和围条在鞋楦前身棱线处分割即可。整体比例协调，符合运动美感。一般鞋子前端围条、侧饰片下端、后套、鞋底为一个整体，采用环氧树脂、玻璃纤维、碳纤维等材料热塑、软化成型。贴楦设计法所得冰刀鞋结构设计图如图6-10所示。

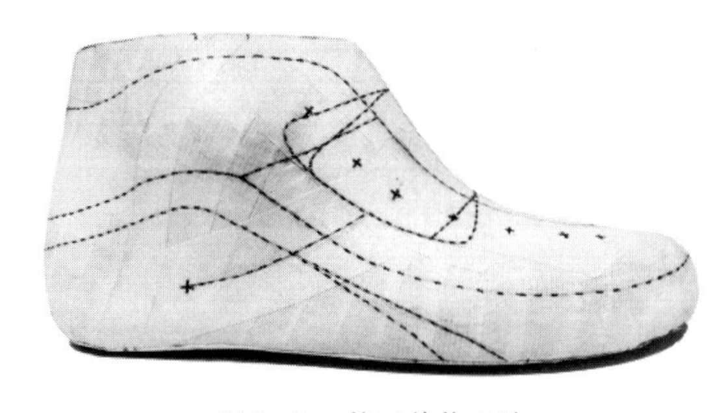

图6-10 楦面结构设计

对楦面结构设计修改无误后，揭下楦面半侧面美纹纸展平。展平时先把后跟突度点D和

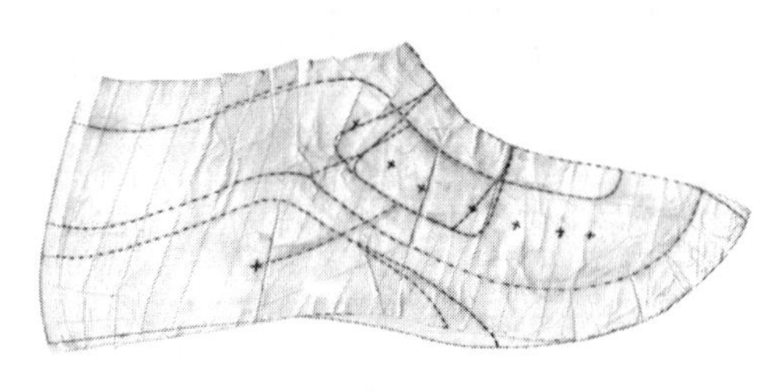

图6-11 半侧面展平面

前端点点*A*拉直展平，然后把线段*DA*的两侧从后向前分别展平，在楦面凸起部位的美纹纸上打剪口或用刻刀割开一条缝，确保展平面平整自然，使展平前“曲面”与展平后“平面”尽量形状相似、面积相近。半侧面展平面如图6-11所示。

由于展平过程中，半侧面需要打剪口或起皱，发生了过度变形，因此需要对展平面进行修整。一方面再次把线条修流畅，另一方面要进行加量与减量处理。打剪口使轮廓线变长，修整时需要矫正，把增加的量减掉。在后弧线修整时，既要考虑后弧线的变形，同时也要考虑材料厚度的影响。材料厚度有面料、里料、定性材料等，不同位置材料的厚度量会有区别，一般需要对整个半侧面板长度加量。

在修整展平面时还需要考虑内外怀的区别，比如长度的区别、宽度的区别、踝骨高度与形状的区别，一般在外怀半侧展平面上画出有差异的内怀部分，在取样板时以便准确地得到内外怀轮廓。

四、样板制取

样板制取既可以用传统的手工制取，也可以把半侧面板扫描后用专业软件制取。相对而言，使用专业软件制取较便捷，但计算机操作人员必须掌握样板制取的基本原理与方法。

样板制取的原理主要是依据外怀部件轮廓通过背中线或后弧线对称得到内外轮廓。当部件对称线（背中线或后弧线）较为弯曲时，需要采用逐段旋转对称获得内怀轮廓，同时需要修顺帮部件轮廓线和矫正部分轮廓线的长度，这就是所谓的旋转取跷。

样板可以分为鞋面样板和鞋里样板。

鞋面样板简称面样板，制作鞋帮面使用的样板，完全依据展平的半侧面板制取的，主要包含做帮样板、下料样板和特殊加工工艺使用的样板。做帮样板主要用于帮面加工时标画定位点、线，因此部件上的标志点线必须标注清楚、准确。下料样板用于帮部件的下裁，必须包含所有加工量，比如折边量、缝合量、材料加工变形量等，各种加工量的具体尺寸根据材料性能和加工工艺决定。特殊加工工艺使用的样板主要用于特殊工艺，比如压型、热塑、热切、高频压花等帮部件加工工艺中使用的样板。

鞋里样板简称里样板，制作鞋里使用的样板，依据展平的半侧面板或面样板制取。鞋里样板包含鞋身里样板、海绵样板、衬布样板、港宝样板（也叫主跟、内包头样板）等。

（一）冰刀鞋面样板

冰刀鞋面样板有眉片、眼盖、后套、鞋舌、鞋身盖，其结构如图6-12所示。

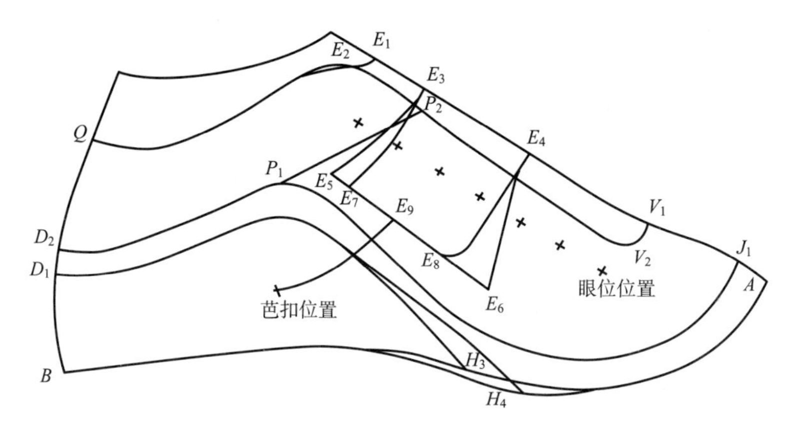

图6-12 电脑描绘的半侧面结构图

图中$QD_2P_1P_2E_2$形成的图形是眉片，$BD_2P_1J_1A$形成的图形是后套鞋身整片，$P_1P_2V_2V_1J_1$形成的图形是眼盖，E_9是芭扣的盘带位置，$D_1QE_1V_1J_1AH_3$（外怀）H_4（内外）形成的图形是鞋身盖。

（1）眉片。眉片样板是把外怀半侧面眉片轮廓线以直线QD_2进行对称，就制取到整个眉片样板，注意眉片上的一个眼位位置标记对称标出，如图6-13所示。再根据加工工艺在眉片样板轮廓周边加上加工量就得到下料样板。

（2）眼盖。眼盖样板是把外怀半侧面眼盖轮廓线（包含眼位位置）以直线V_1J_1进行对称，就得到眼盖样板，如图6-14所示。对称取样板时，如果点P_2附近超出对称线，则以点V_2旋转降跷，分段描出V_2V_1、V_2P_2及对应的下端轮廓线，使点P_2降到对称线下，修顺旋转位置的轮廓线。在做帮样板轮廓周边加上加工

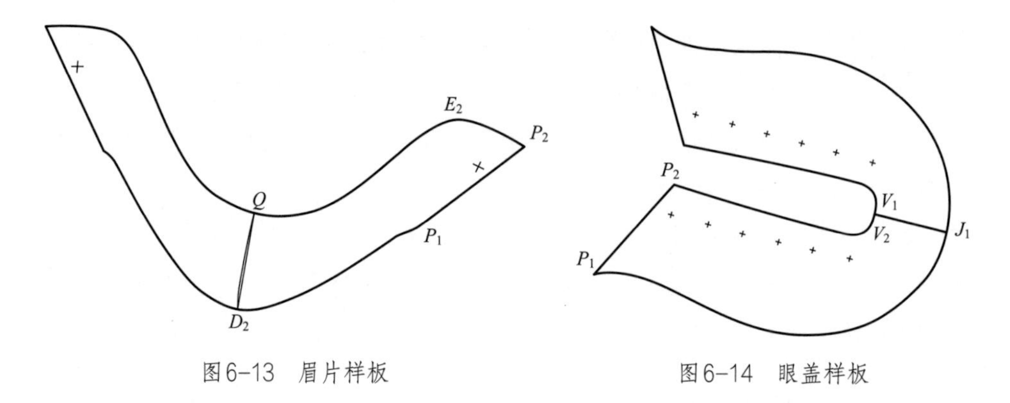

图6-13 眉片样板　　图6-14 眼盖样板

量，就得到下料样板。

（3）后套鞋身整片。后套鞋身整片样板是把外怀部件轮廓线以直线D_1B进行对称得到，在描腰窝附近的底口轮廓线时，需要区分内外怀，内怀过H_4，外怀过H_3，如图6-15所示。

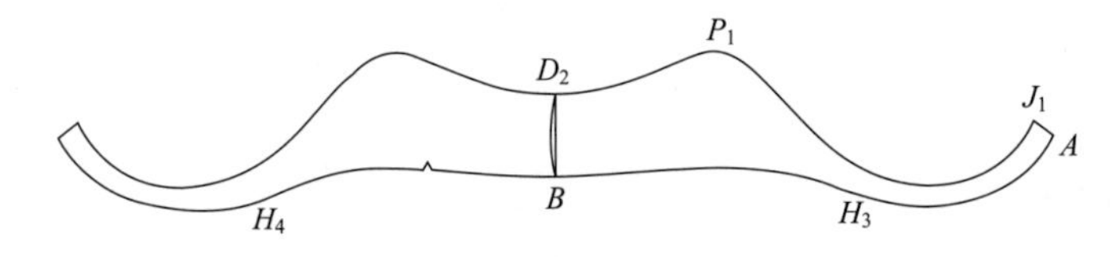

图6-15 后套鞋身整片样板

（4）鞋舌。冰鞋的鞋舌在鞋腔外面，宽度相对较宽，半侧最宽的宽度在40～45mm；长度以线段V_1E_1为基础长度，在V_1前端加12～15mm的缝合量，该处半侧宽度为10～15mm，在E_1后端加20～30mm的量，鞋舌两侧的轮廓线稍微外凸，后端的轮廓线向前凹，整个轮廓线圆顺、流畅。另外在点E_1割开一条与鞋舌后端平行的缝，两边不割断，距鞋舌边10mm。生产时用割开的后面压住前面缝合，使鞋舌后端竖起，穿着时更加贴伏脚，如图6-16所示。

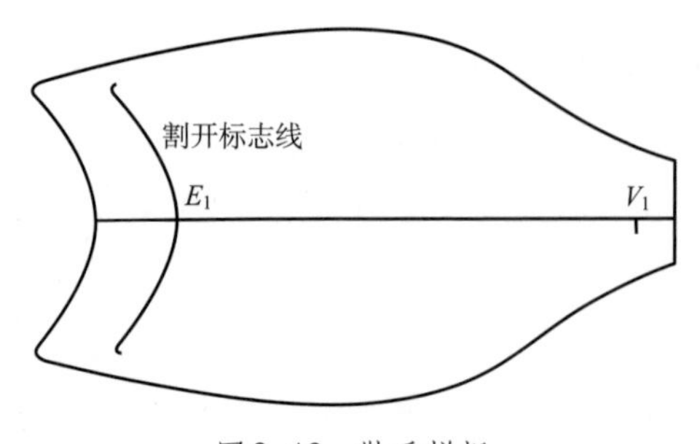

图6-16 鞋舌样板

（5）鞋身盖。鞋身盖是包裹在鞋子上面的整块部件，内外怀通过拉链进行闭合，其作用是避免鞋子进冰碴子，减少风阻，增加美观。拉链装在背中线上，拉链前端位置在楦前端最凸点往后10mm左右，拉链后端位置在E_1点，拉链宽4mm。把$D_1QE_1V_1J_1AH_3$（外怀）H_4（内怀）形成的轮廓，以后弧线D_1Q对称，就得到内怀轮廓，腰窝处底口线做内外怀分怀处理，如图6-17所示。

（6）襻带。襻带芭扣装置，一方面芭扣可以调节鞋子的松紧程度，使鞋帮更好地抱脚，另一方面保护鞋子在穿着运动过程中拉链不被拉开或撕裂。襻带样板是在内怀样板的轮廓线上以中线为对称线对称描出外怀轮廓线，标出装芭扣带的定位点，长度上要加一定的材料厚度量，如图6-18所示。

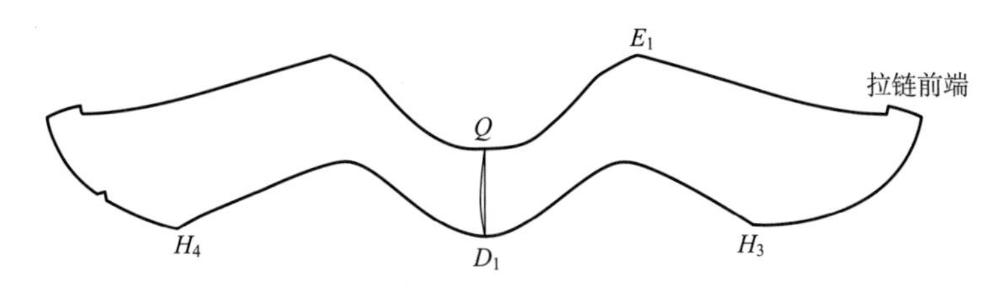

图6-17 鞋身盖样板

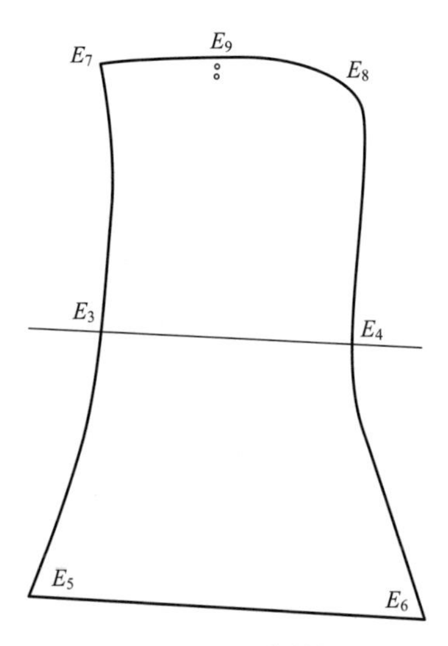

图6-18 襻带样板

（二）冰刀鞋里样板

冰刀鞋的里样板有鞋身里、鞋舌里和海绵。

鞋舌里样板在鞋舌面样板的基础上根据生产工艺加、减量即可。海绵能够增加鞋的穿着舒适度，其样板的形状根据鞋子使用的材料、工艺有关，一般海绵比鞋口低10～15mm，前端在腰窝附近，海绵样板整体轮廓圆润饱满，线条流畅。

鞋身里样板是把鞋身整片和楦底样拼在一起，在鞋身后弧处减掉材料厚度。腰窝处，底口与楦底轮廓之间多余的部分可以在对应的边沿位置修掉，鞋底前、后端，鞋身后弧、背中线加工时分别缝合在一起，如图6-19所示。

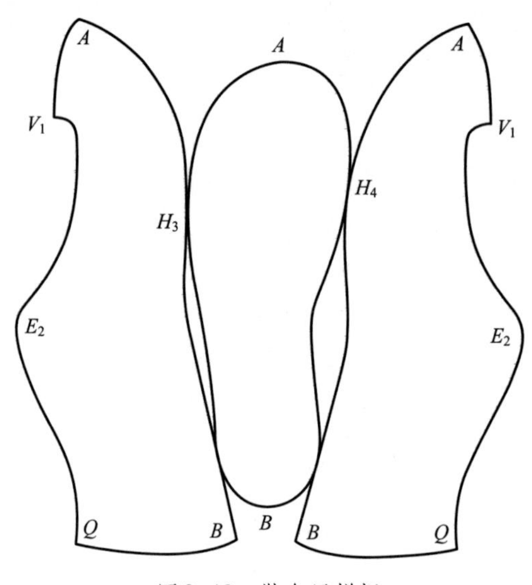

图6-19 鞋身里样板

第七章

冰刀鞋的底部件设计

冰刀鞋的鞋底部件包括刀桥、刀体和鞋垫的三个部分，刀桥和刀体有时也通常放在一起设计。冰刀鞋的刀桥设计是冰刀鞋科技的核心，它对于运动成绩的发挥起到了决定性作用。在刀桥设计中，刀桥的结构创新难度很大，多来年技术进步不太显著。冰刀鞋大部分创新都集中在刀体设计上，刀体设计又主要集中在金属材料研究和金属加工工艺的创新上，两者是冰刀鞋制造技术进步的基础。冰刀鞋鞋垫功能设计是近十年来新兴起的研究热点，随着生物力学技术的发展和鞋垫材料的突破，专业速滑鞋垫对于减少运动损伤和提高速度都发挥了重要作用，未来该领域是冰刀鞋研究的一个重点。

第一节 冰刀鞋鞋垫设计

一、冰刀鞋鞋垫的功能要求

冰刀鞋的鞋垫具有十分重要的功能，它可以降低运动损伤风险、提升能量回归效率，并且可以使运动员的脚感到更加舒适。冰刀鞋垫最主要的功能是提高运动成绩，第二是降低运动损伤，第三是增加运动员的脚感舒适性。提高运动成绩主要依靠的是增加能量回归效果；对运动员产生一个助力效果，进而提高运动速度，节省运动时间。降低运动损伤主要是依靠鞋垫结构设计，将运动员下肢力线调整到合理区间，从而降低运动损伤。降低运动损伤的同时，也对速度的提高会产生帮助，两者是相辅相成的关系。冰刀鞋鞋垫以前统一使用EVA材料，该材料存在持久形变率大、回弹性差、材料厚度大等缺点，目前已经基本被淘汰。现在广泛使用的是玻纤或碳纤材料。此外，现在的鞋垫还具有热塑变型的特点（图7-1），运动员可以让专业的矫形鞋垫技师专门为其量脚定制专业运动鞋垫。在速滑运动高水平国家，运动员都穿着专业的定制鞋垫，

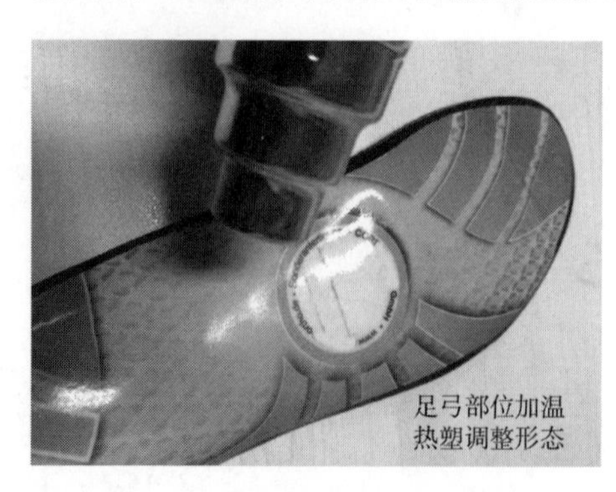

图7-1 可热塑的预制冰刀鞋垫

无论是训练还是参赛，都是常年适配[1]。这一方面是为了减少运动损伤，另一方面是为了纠正异常力线，提高成绩。

定制鞋垫一般需要经过扫描足底形态、步态分析、鞋垫设计、鞋垫制作、鞋垫试穿五个步骤。足底形态扫描也可以使用踩足模盒取型的方式。鞋垫制作也有使用3D打印方式的。但3D打印目前整体性能还是不如传统方式的优异，但是随着时代的进步、材料的发展未来或许有一天会取代掉传统模式。

二、冰刀鞋鞋垫功能结构设计

冰刀鞋垫的基材使用热塑碳纤维材料，可以根据运动员的步态特点进行个性化定制。热塑温度一般控制为280～350℃。热塑时需要使用热风枪进行加温，或者使用专用的密闭式烘箱。温度在达到280℃以上时，碳纤维开始溶解为玻璃化状态[2]。此时可以进行热塑变形操作。鞋垫形态需要根据运动员的步态特点进行评估，之后确定适配方案。步态评估一般包括足底压力判断、压力重心曲线判断、步长、步频、步速分析，足跟内外翻角度等指标进行综合分析（图7-2）。

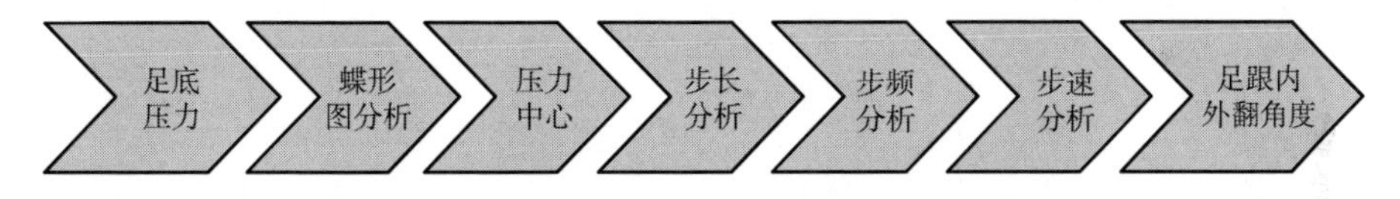

图7-2 冰刀鞋垫的制作流程

目前，鞋垫设计之前的步态评估一般使用专业的足底压力分析系统进行步态采集，之后根据采集结果评估运动员步态参数。步态参数最常用的是步长、步幅和步频及步旋角（图7-3），除此之外，步态评估还需结合压力图像和压力曲线来综合判断。

压力图像主要是足底压力图（图7-4），有经验的技师根据足底压力分布图基本上就可以判断出运动员问题所在。压力图的颜色是以冷暖来划分，颜色越冷（绿、蓝）代表压力越小，以至于消失。颜色越暖（黄、红），代表压力越大。

如果适配师经验不足，还可以参照足跟角度和压力三维峰值图（图7-5）进而结合足跟力线（图7-6）进行进一步判断。当综合信息汇总到适配师大脑中之后便开始鞋垫的个性化设计，设计工作目前都是由专业的软件来执行，适配师操作软件进行模块设计在相应的部位进行补强或减弱。目的是更好地纠正运动员异常步态。

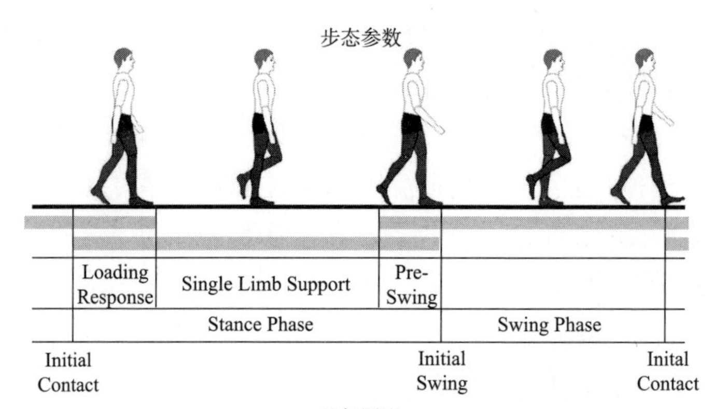

几何图形

参数	侧	数值	范围
足部旋转，角度	L	−1.7±4.0	−10° … 9°
	R	4.4±3.8	
步长，cm	L	56±2	130 cm
	R	57±2	
步幅长度，cm		113±3	130cm
步宽，cm		13±3	

图7-3 步态参数

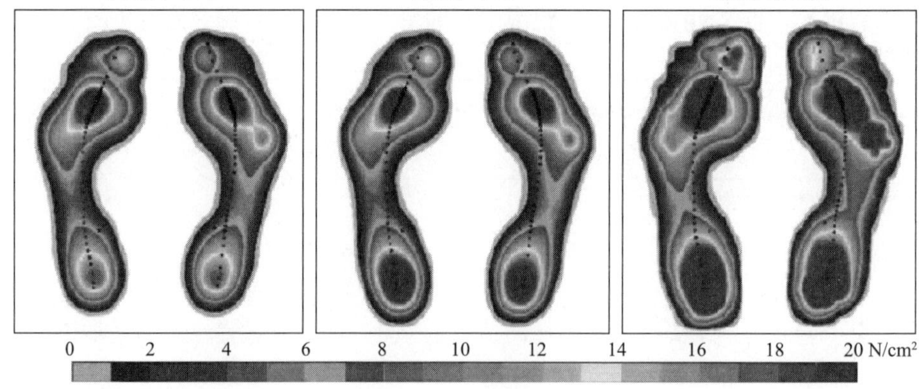

图7-4 足底压力图

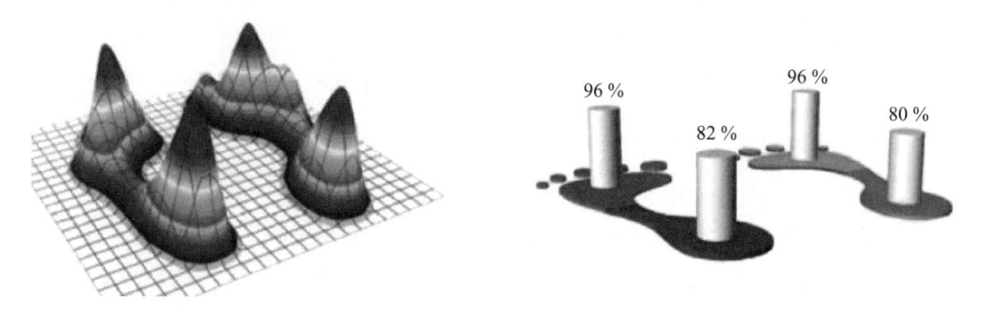

图7-5 压力三维峰值图

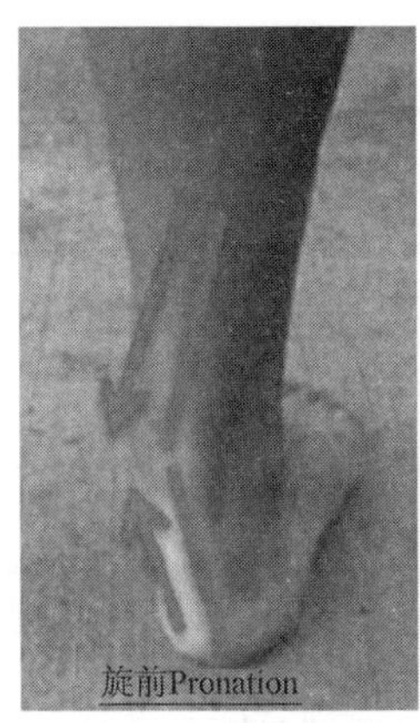

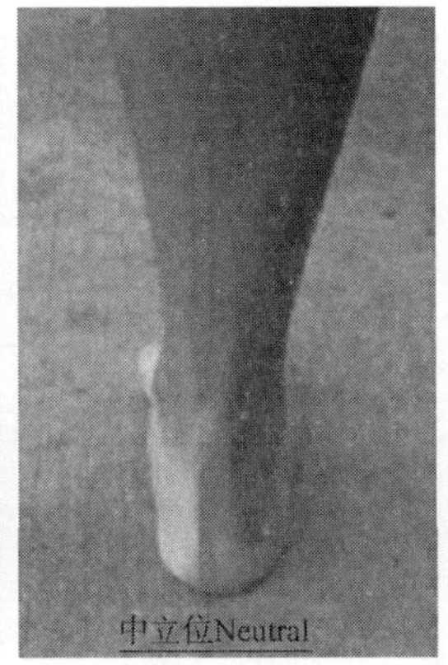

图7-6 足跟力线

鞋垫设计在国外发达国家需要由专业的技师设计完成，该职业需要持证上岗。适配师要具有国家考核认可的资质方可从业。运动员可以自由选择执业技师，与医疗矫正鞋垫不同，速滑鞋垫目前在国外基本都是自费，国家不承担该项费用。在近十年的速滑比赛中，几乎100%的运动员都配穿专业鞋垫，其中个性化定制鞋垫占据了80%[3]。它与定制鞋一起对运动员的安全起到有效保护作用。国际滑联（ISU）对于速滑鞋垫（图7-7）的技术要求目前还未做出规定，无论是材料还是结构，目前都没有限制，相信不远的未来会有相应的标准出台。

速滑冰刀鞋鞋垫设计图

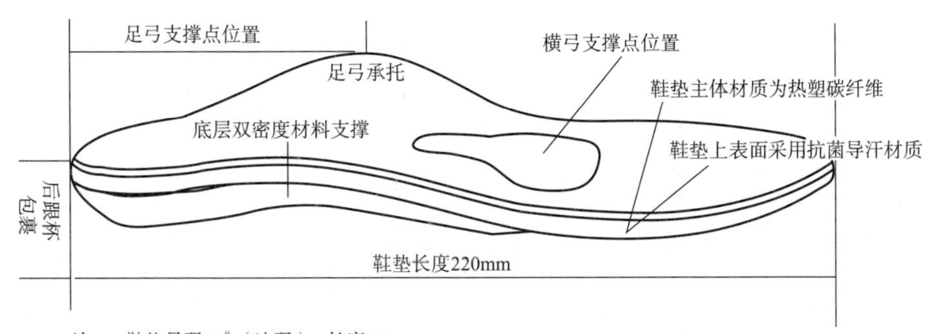

注：1.鞋垫号码33#（法码），长度220mm。
2.鞋垫内侧纵弓支撑。
3.鞋垫基材使用热塑碳纤，部分附件使用不同硬度的材质搭配。

图7-7 速滑冰刀鞋鞋垫结构说明（图片来源：冬奥专项冰刀鞋项目组）

三、冰刀鞋鞋垫的定制技术

高端运动员除了鞋子需要量脚取模定制以外，冰刀鞋鞋垫也是专门个性化定制。定制鞋垫的材料目前均采用低温热塑材料。材料一般热软化温度为60～80℃。制作定制鞋垫是在评估好运动员的步态规律之后展开的。制作前需要将低温热塑板裁切成A4纸（20cm×30cm）大小（图7-8）。一块板材大约制作出一双成人鞋垫。之后将板材放入80℃的温水中将其软化（图7-9）。通常情况下板材大约2分钟即可完全软化。软化板材的同时可以在专业的机器上取出足底形态。板材软化后趁热将板材放入足底凹模内，双脚重新踩上去压缩定型（图7-10）。大约8分钟，板材与足底凹模的形态可以冷却固定（图7-11）。此时取下已经压出立体形态的鞋垫板材进行套裁（图7-12）。用剪刀沿线迹边缘裁剪，再用砂轮机打磨其边缘（图7-13），使其圆滑美观，不能有毛刺（图7-14）。将鞋垫装入鞋内试穿脚感（图7-15），如果不合适，再用热风枪局部加热调整。

冰刀鞋鞋垫的适配需要具有专业的运动鞋垫适配知识。在国外，鞋垫适配师需要学习下肢生物力学、足部解剖学、材料学、步态分析、运动控制等相关课程，考核合格后方能持证上岗。我国目前还没有国际认证的鞋垫适配师，该领域人才奇缺。随着2022年第24届冬奥会在北京成功举办，我国冰雪运动取得了突飞猛进的发展。未来，对于专业运动鞋垫的个体化定制需求会越来越多，我国应当加大该领域的专业适配师的培养，建立该领域的培训机制，尽快与世界接轨。让运动员减少运动损伤，同时提高运动成绩。

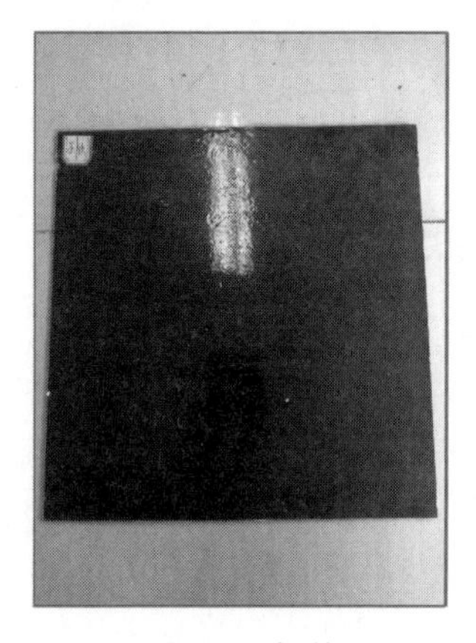

图7-8　板材

图7-9　软化

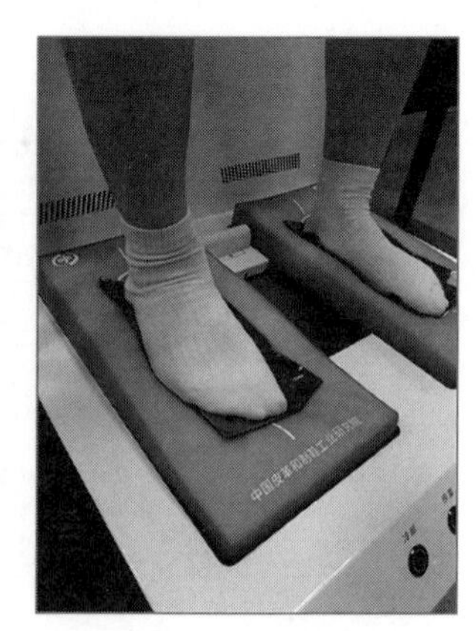

图7-10　压缩定型

图7-11 冷却固定

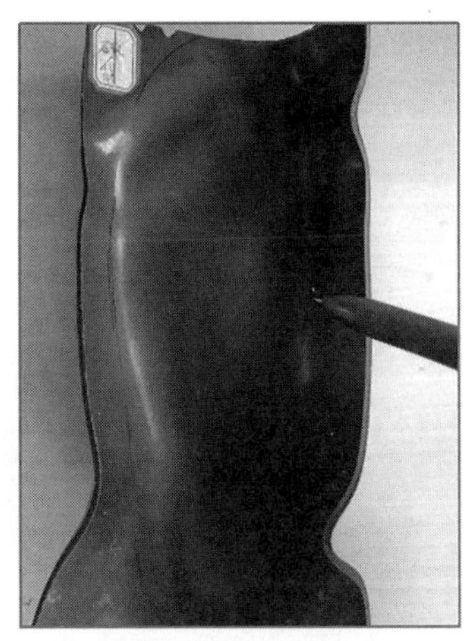

图7-12 套裁

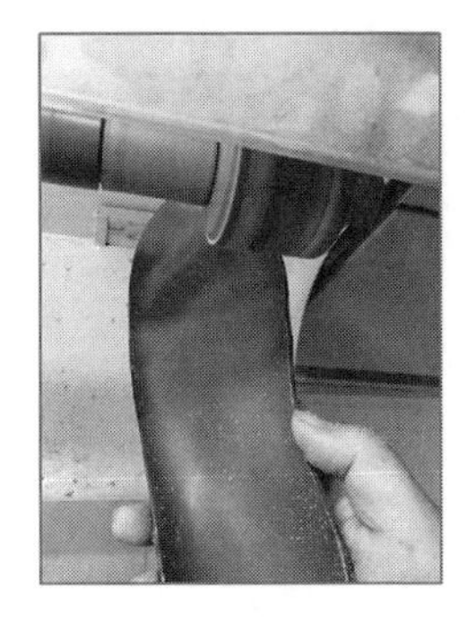

图7-13 打磨边缘

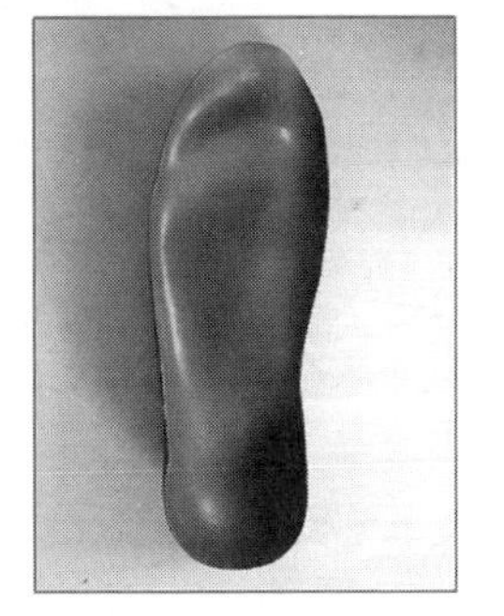

图7-14 成型

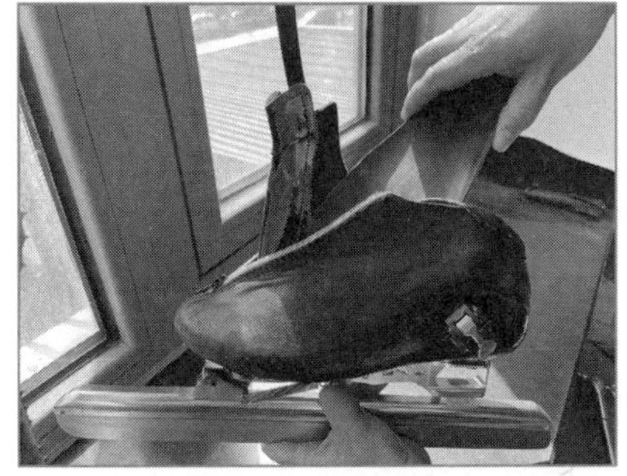

图7-15 鞋内试穿

第二节 冰刀鞋的刀桥设计

一、冰刀鞋刀桥功能要求

冰刀鞋刀桥功能对于冰刀鞋的整体功能影响很大。最主要的影响是能量回归性能，能量回归性能的高低直接影响到速度的提高。冰刀鞋刀桥（含刀刃）是冰刀鞋的灵魂，它的技术含量体现在两个方面，一是材料，二是结构。冰刀鞋刀刃材料根据运动项目的差别具有不同的硬度要求。刀刃的厚度也不一样，速滑

鞋的刀刃最窄，通常厚度为1～1.2mm，入冰效果也最好；冰球鞋刀刃厚度一般为2.8mm；花样冰鞋刀刃厚度一般为3.5～3.8mm，并且在刀刃的中间有一个凹槽[4]（图7-16）。

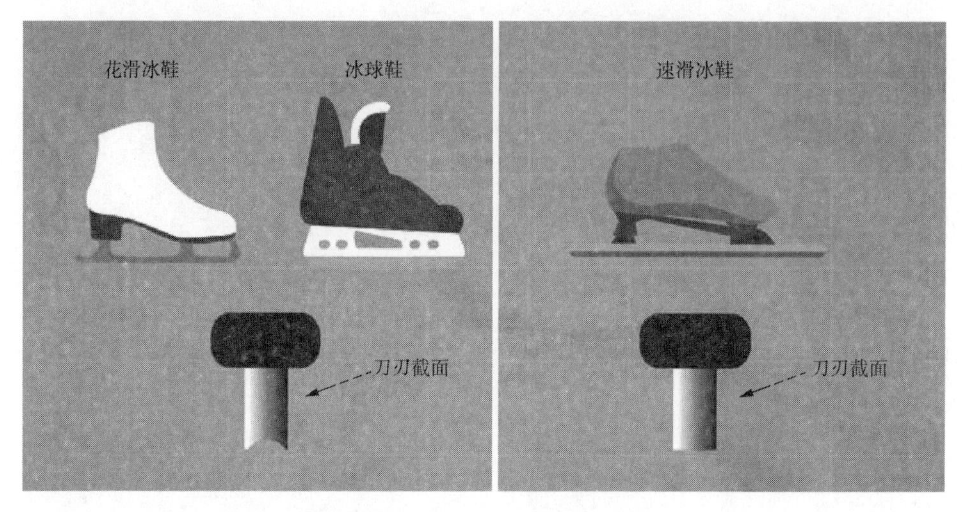

图7-16 速滑鞋与花滑鞋、冰球鞋刀刃的弧度区别

冰刀鞋的钢材选择和加工技术决定了刀体的性能。作为速滑冰刀用钢有其独特的性能要求。首先，冰刀的刃口要具有锋利性，这决定了刀刃切入冰面（也称雪线）的深度，入冰越深其抓地力越好，得到冰面的反作用推力越大。刃口的锋利度取决于两个因素，一是钢的硬度，二是刃口的角度。硬度越大、刃口越薄（角度越小）锋利度越好。但同时刃口还需具有韧性，刃口太脆容易崩断，造成竞赛事故。这一特点决定了冰刀刃口不能像菜刀那样薄（因为容易崩断），也不能像陶瓷刀那样容易崩口（因为人体向下切入冰面的压力很大，陶瓷刀经受不住那么大压强）。这样能入选的刚柔并济型的钢材就很少了。花纹钢（大马士革钢，或称乌兹钢）和合金粉末钢是符合上述要求的专有钢材。但是，冰刀鞋除了有良好的切冰力以外还需具备很小的摩擦系数，这样滑行阶段速度才会提升。这样一来，花纹钢（大马士革钢）就不符合要求了，因为在微观视野下，花纹钢是由超硬马氏体微晶和软质钢材构成的凹凸不平表面肌理[5]。这虽然能够增加其锋利性和韧性，但是也增加了前进阻力。此外，花纹钢容易磨损需要经常开刃（耐持性差）。另外，在0℃以下时，花纹钢的韧性会大幅降低。所以，目前冰刀采用的材料均是粉末合金钢，它除了具备刚柔兼顾的特点外，还可以做到高平滑镜面处理，其镜

面效果可以达到惊人的8000～10000目。花纹钢只能做到4000目左右[6]。

现在速滑冰刀鞋的刀刃一般采用两种硬度的钢材组合而成。与冰面接触的钢材通常使用洛氏硬度为60～62^{HR}的高碳粉末金属钢。粉末金属钢是通过高压惰性气体或将钢水雾化形成微小的粉末，再经过压制烧结而形成的一种高致密钢材。该类钢材具有超强的耐磨损性能和低摩擦力。对于滑行速度提高具有非常好的效果。瑞典的山德维克（Sandvik）公司是目前生产粉末冶金钢冰刀的最好公司之一，其产品几乎垄断了冰球鞋冰刀的高端市场。而奥地利伯乐（Bohler）公司生产的K190、K390合金粉末钢则是世界著名速滑冰刀鞋的首选，其K390碳含量达到了惊人的2.45%[7]（表7-1）。

表7-1 Bohler冰刀微量元素含量表

钢号	微量元素							
	C	Si	Cr	Mn	Mo	V	W	Co
K190	2.30%	0.60%	12.50%	0.30%	1.10%	4.00%	—	—
K390	2.45%	0.55%	4.15%	—	3.75%	9.00%	1.00%	2.00%

而刀身与刀桩相连部位往往使用洛氏硬度为54～58^{HR}的低碳钢。高碳钢的弹性优于低碳钢，但低碳钢的韧性优于高碳钢。目前用于刀刃外刃的高碳钢含碳量为0.50%～0.80%。刀身低碳钢的含碳量为0.15%～0.30%[8]。冰球鞋刀刃甚至在外刃使用优质不锈钢，刀身使用高端铝合金来增加韧性。此外，在刃口和刀身两种硬度钢材的熔合焊接工艺上，目前存在难以解决的一个技术瓶颈。这个瓶颈就是两种不同硬度金属的融合牢固度问题，它需要低温液氮多次淬火方能使二者熔合更加牢固。每一次淬火的时间和温度都不一样，其中含有诸多经验和技术秘密，目前能掌握此项技术的公司屈指可数。

此外，在冰球鞋刀刃处理上，更多使用的是另外一种工艺——高速涂层钢。顾名思义，涂层钢就是在刀刃的侧面喷涂一层氮化钛或碳化钛[9]。经过涂层后的刀刃侧面比刀身钢材硬度要高出15%以上，这样入冰的力度就会加大。根据生物力学可知，运动员侧滑推力来源于冰刀侧向的吃冰力，吃冰力增加，推力就会相应增大，速度随之提高。清华大学机械系汪家道教授团队将刀刃两侧增强处理后，侧面硬度增强了19%，侧向蹬踏摩擦力增强了30%，前进方向摩擦力降低了16%~22%[10]，滑行速度得以大幅提升。钢材是一个国家制造业的基础，世界上能生产优质顶级特种钢材的国家不多，它需要一定的时间和研发积累，我国应当积极与国外先进国家联合研发特种钢材，共同提升我国速滑冰刀质量。

冰刀鞋刀刃除了材料占据很大因素外，刀桥的结构也会对功能性产生重要影响。自冰刀鞋形成现在的造型以来，100多年几乎没有发生再多的变化。但是，克莱普冰刀的出现打破了这一局面，它曾经刷新了20多次速滑世界纪录。它的成功就在于结构设计的优化，它主要优势是将运动员的下肢能量消耗大幅降低，同时能量输出时间增长，这使得整体速度得到提升。虽然它节省了踝关节跖屈能量，缩短了人体重心与足跟的力臂，但是它也存在启动和冲刺发力效率降低的弊端。还需要继续对其改进，希望在将来这一结构能够更加完善，速滑健儿创造更大的奇迹。

二、冰刀鞋刀桥功能结构设计说明

冰刀鞋刀桥在结构上分为外刃和内刃两部分。外刃是与冰面接触的部分，内刃是与刀桩相连，继而链接鞋体的部分。外刃部分材质较硬，韧性较差；内刃部分材质稍软，韧性较好。两者材料以前都是合金钢构成，现在为了进一步减轻重量内刃部分开始使用铝合金材料，甚至在冰球鞋上外刃部分使用了不锈钢材料[7]（图7-17）。

冰刀鞋的刀桥结构如图7-18所示，其对于运动速度的提升也十分关键。在刀桥的中后身设计助力结构不仅能消除疲劳、提高下肢能量回归效果；也能提升整体运动速度，节省运动时间。该结构的设计往往是在刀桥中后部添加弹簧和液压助力装置。弹簧一般使用的都是螺旋压缩弹簧和板形弹簧。根据运动员的体重和发力特点，弹簧往往需要定制。弹簧定制时需要确定运动员所需弹簧的劲度系数。劲度系数又称刚度系数或者倔强系数。它是描述形变量时所产生弹力的大小

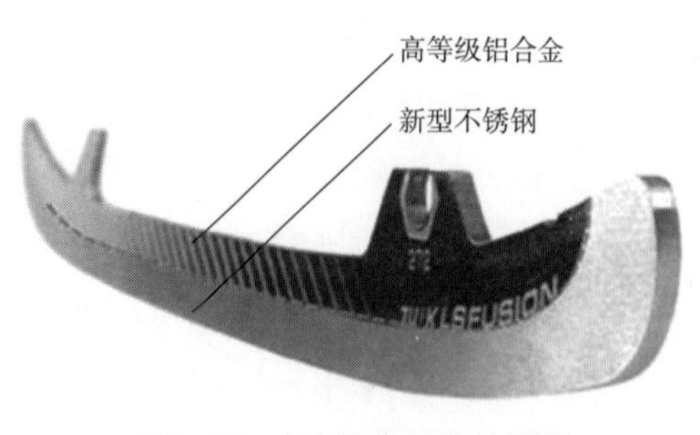

图7-17 冰球鞋冰刀材料构成

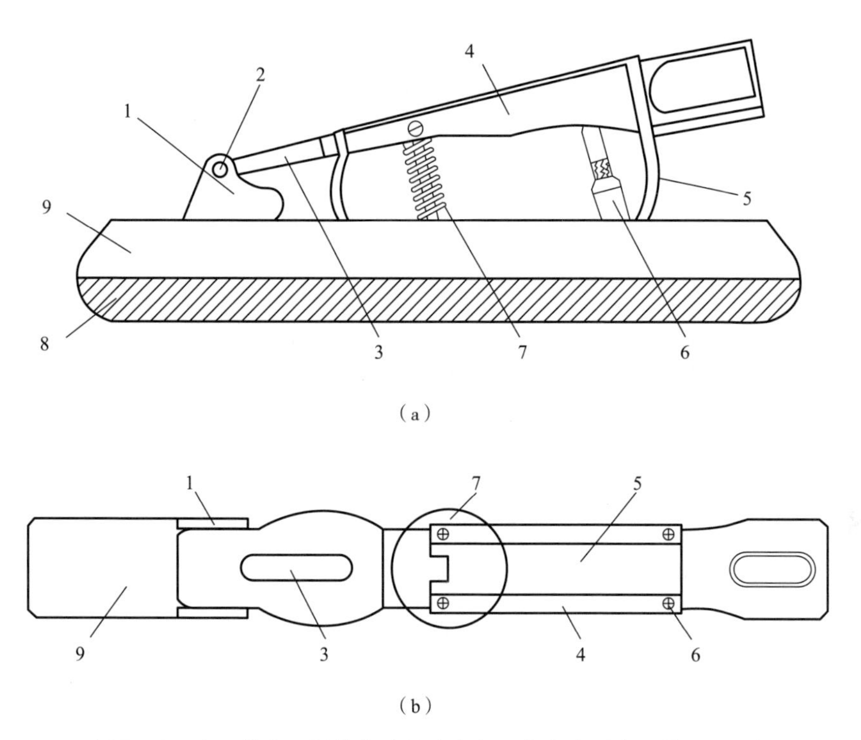

图7-18 冰刀鞋的刀桥结构（图片来源：冬奥专项冰刀鞋项目组）

1—前刀桩固定座 2—转动轴 3—刀桥跖趾部位横断设计前端 4—刀桥后身 5—后端弹簧 6—后液压助力装置 7—足弓部位主力弹簧装置 8—刀身外刃 9—刀身内刃

单位。劲度系数在数值上等于弹簧伸长（或缩短）单位长度时的弹力。劲度系数的计算公式是：$F=k\Delta x$。公式中，k代表劲度系数，当k值大，说明形变单位长度需要的力也越大，或者说弹簧“韧”性越大。每一位速滑运动员所要求的最佳劲度系数都不一样，这需要个性化定制并反复试穿决定。另外，板式弹簧根据弹簧片的钢含量不同，其要求的淬火温度和时间也不一样，并且它还与弹簧片的厚度和宽度相关。弹簧片与鞋底的接触摩擦部位需要镜面处理，并涂上专业耐磨润滑油。其润滑油耐磨系数需达到安培值1.20以上[11]。为了提高弹簧的疲劳极限，还需要对弹簧材料表面进行磨削、强压、抛丸和滚压等工艺处理。在弹簧片冶炼时应采用真空冶炼、真空浇注等工艺。目的是防止夹杂物与基体界面之间过早地产生疲劳裂纹。为了提高弹簧片的抗腐蚀性，在其表面还要进行保护层处理。对于65号锰钢来说，镀镉可以大大提高弹簧的疲劳极限。在弹簧成型加工过程中，弹簧片要反复锤打剔除杂质，并使弹簧内部结晶由粗结晶转化为细结晶方可提高弹簧劲度系数。

冰刀的结构设计近些年也出现了一些改进。一些新型冰刀进行了不同创新，有些在刀桥部分加入了助力结构，有些则是在前掌跖屈部位进行了弯折设计。这样设计是为了克服传统克莱普冰刀鞋启动和冲刺发力慢的缺点。

在冰刀鞋刀桥设计中，结构和材料是功能性提升的核心。当前在刀桥结构上进行创新的技术不多，绝大部分研究焦点都是在材料方面。材料的创新包括配方和工艺两个方面。金属材料的创新往往把握在一些大型金属公司手中，工艺的创新也往往集中在大公司手中。但是，一些特殊技术往往掌握在一些极具创造力的小公司手中。这些企业多为家族企业，规模不大（往往只有十几人或几十人）。他们有着独到的金属处理经验，为一些高端刀具产品提供基础材料。虽然这些公司的产品价格很贵，但是其性能是大公司无法替代的。冰刀鞋领域目前只有个别顶级品牌采用这些顶级材料，大部分公司使用的刀体材料还是常用材料。未来的冰刀鞋刀桥技术的创新方向还是以材料创新为主，结构设计短期内突破性不大。只有越来越多的生物力学专家加入冰刀鞋的研发中，其功能突破的概率才会大幅提高。

参考文献

[1] 王占星，石飞，尹岳涛，等. 个性化定制鞋垫设计与加工体系(续)[J]. 中国皮革，2020，49(6)：5.

[2] 罗逸苇，姜明. 鞋垫的设计与制造[J]. 中国皮革，2006，35(10)：132-133.

[3] 王晓刚，李娟，王向东. 个性化鞋垫对慢跑者足底压力的影响[J]. 体育研究与教育，2019，34(3)：7.

[4] 杨树人，宋琳，陈文红，等. 新式速滑冰刀性能及其新技术特征[J]. 哈尔滨体育学院学报，1999(3)：5.

[5] 刘晋，张森，刘贵宝. 短臂铰链与钢片软桥的屈趾型速滑冰刀连接装置[J]. 冰雪运动，2015(3)：6.

[6] 刘晓莉，郭增成. 新型速滑冰刀的研制[J]. 文体用品与科技，1998(5)：1.

[7] 周骥. 速滑冰刀的参数化设计及摩擦特性分析[D]. 长春：吉林大学，2016.

[8] 李伯华. 如何选择和维护速滑冰刀鞋[J]. 文体工业科技，1995(1)：2.

[9] 陈国义. 速滑冰刀的结构与生产技术[J]. 文体工业科技，1995(1)：2.

[10] 李佳惠,曹振,李炯利,等. 石墨烯冰刀支架的制备方法[P]. 中国专利: 2019102310467,2020-06-12.
[11] 苏国斌,王北铭,赵荫桐. 科学技术在改变着国际速滑运动——对新型速滑冰刀的初步认识[J]. 冰雪运动,1998(1):2.

第八章

冰刀鞋的功能与适脚性测试

冰刀鞋的功能性需要通过专业的方法和设备评估才能得出正确结论——冰刀鞋的功能测试包含三个方面的内容：适脚性测试、运动姿态测试以及能量回归测试。三者测试的内容和评价指标各不相同，只有上述三个指标均达到优良等级方可认定冰刀鞋的技术达到了一定水平。适脚性测试研究的是冰刀鞋的合脚性，合脚性越好的鞋子其动作完成的质量就越好，身体额外代偿的能量损失就越少，运动员发力速度会极大提高，运动成绩会得到提升。同时，它也影响到鞋的防损伤性能，不合脚的鞋在运动中会对成绩造成影响，如果严重不合脚还可能造成运动损伤。冰刀鞋的运动姿态测试是评价鞋子的防损伤性的重要依据，高品质的运动鞋其防损伤性较好。能量回归测试是评价冰刀鞋是否节能的主要指标。能量损失大的鞋其消耗运动员的额外能量就高，运动员用于提升速度的能量就会被分流一部分，流失的额外能量越多，其对成绩的影响就越大。上述三项内容的测试方法和设备均不同，每一项指标都可以局部反映出冰刀鞋的品质等级。

第一节　冰刀鞋的适脚性测试

一、冰刀鞋适脚性测试内容

冰刀鞋的适脚性对冰刀鞋的功能性影响很大，它也是防损伤性的研究基础。合脚的鞋身其对于运动成绩的发挥有着重要意义。合脚性越好的鞋子其贴附性和包裹性就越强，能量回归性和防损伤性也会就越强。鞋子的适脚性评价分为主观评价和客观评价两种方法。主观性评价一般采用问卷方法，而客观性评价多使用设备或仪器来进行测试。主观性测试存在人为干扰性因素，其结果有时信度较低，客观评价使用仪器直接读取数据其结果可信度较高。但是单纯的客观评价还不足以全面准确地评价鞋子的真实合脚性。因为人脚皮肤内的触觉感受器十分丰富，其控制系统也十分复杂，它涉及神经学、心理学等诸多学科[1]，单纯的压力客观测试数据还不能全面反映出人体足部真实的舒适性状态。所以，国际上目前均是将两种方法结合起来进行测试。

二、冰刀鞋适脚性测试方法

1.主观测试方法

主观测试方法就是对受试者进行问卷采访，记录不同鞋子的压力感受程度。

2.客观测试方法

客观测试方法一是使用简易工具对受试者脚部进行各部位的围度、长度、高度进行测量，如图8-1所示；方法二是使用仪器对受试者进行试穿测试，将测试结果导出后进行统计分析，之后得出结果。目前采用较多以及信度较好的测试仪器为德国ZEBRIS公司的 FiTZi® 鞋类个性化合脚性测试系统[2]。该系统采用袜式的结构，在足底和足面均有传感器镶嵌其中。它的传感器使用的是柔性薄片式传感器，该传感器厚度只有0.5mm，并且可以弯折贴合皮肤。这就克服了传统传感器硌脚导致的误差较大问题。测试时受试者需要将其像袜子一样穿在脚上，然后测试员发出开始指令，受试者开始滑行，数据记录开始。等滑跑结束数据采集盒会按照指令停止数据采集，最终得出足底和足面的压力数值。该系统也可以结合ZEBRIS公司的FDM足底压力测量平板和摄像系统进行整体的步态和站姿分析，得出运动员在不同角度下的舒适性指标。该套软件在分析结果中还包含脚型和足弓指数分析。它可以根据运动员脚型特点建议其选择不同头型的鞋子。该系统包含埃及脚型、希腊脚型、方形足、扇形足四个足型。此外，它将足弓也分成四个类型，分别是高弓足、重度平足、轻度平足、正常足弓。系统会自动给出每位受试者的足弓指数。该足弓指数非影像足印虚拟指数，而是足弓部位传感器真实空间数值，所以，其足弓判断较为可靠。它为运动员量脚定制鞋子和功能性鞋垫提供了可靠数据。

(a)

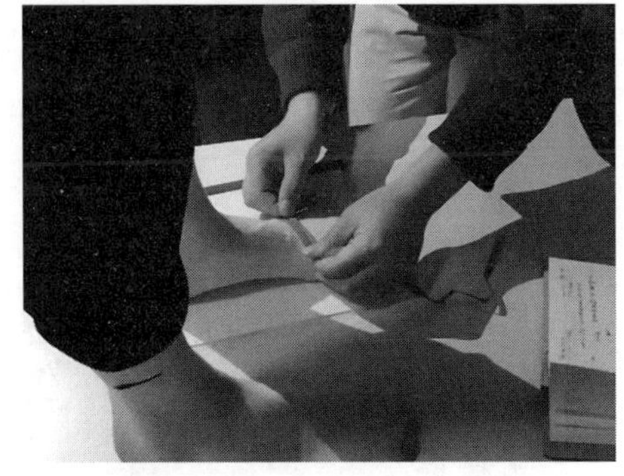

(b)

图8-1 手工测量跖围、跗围

目前，FiTZi®系统在澳大利亚体育用品零售连锁店进行了实验推广，客户反响较为满意。2021年澳大利亚已经有130多家体育用品商店使用该套系统为客户提供鞋类舒适性评估和个性化定制业务[3]。

该系统采集程序如图8-2～图8-10所示。

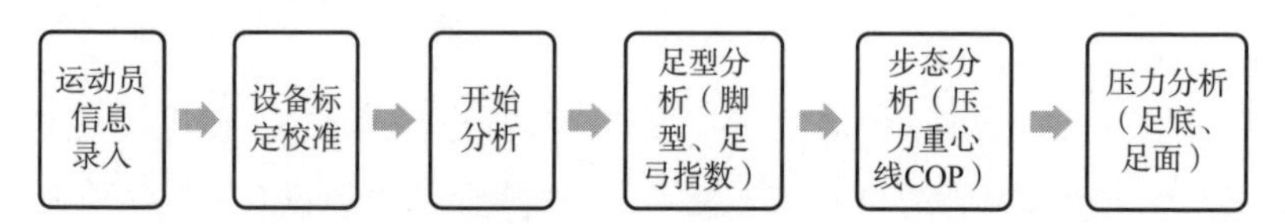

图8-2　采集程序过程

图8-3　信息录入

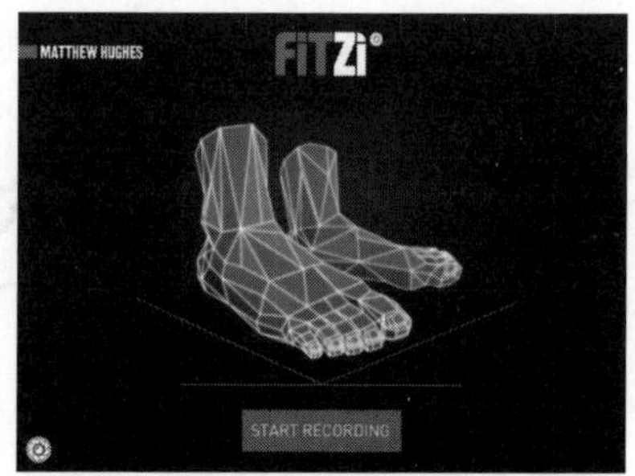

图8-4　开始记录

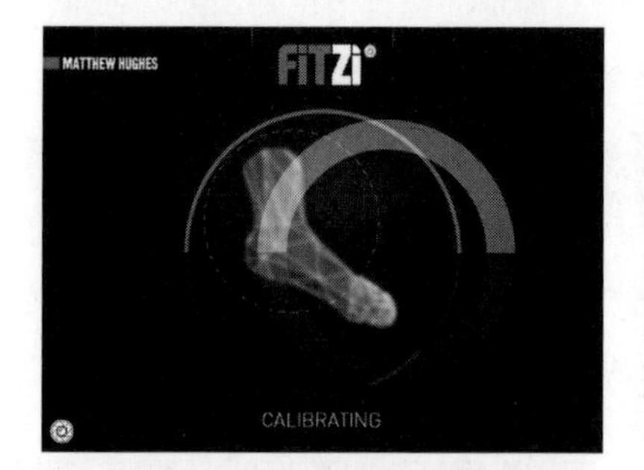

图8-5　数据采集

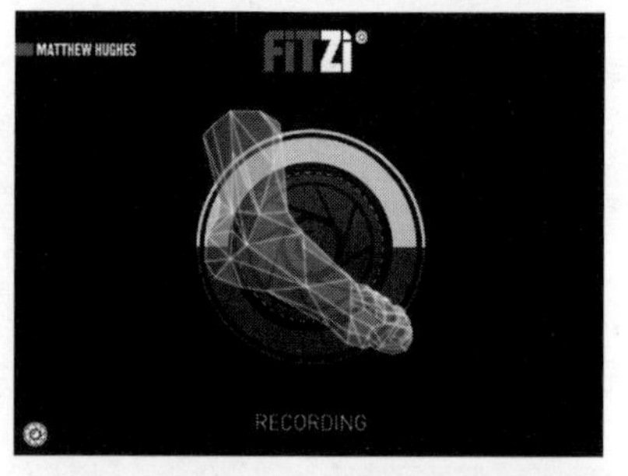

图8-6　数据录入

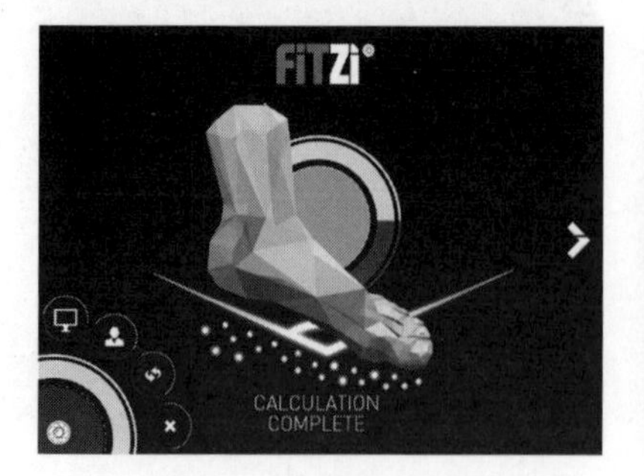

图8-7　数据计算

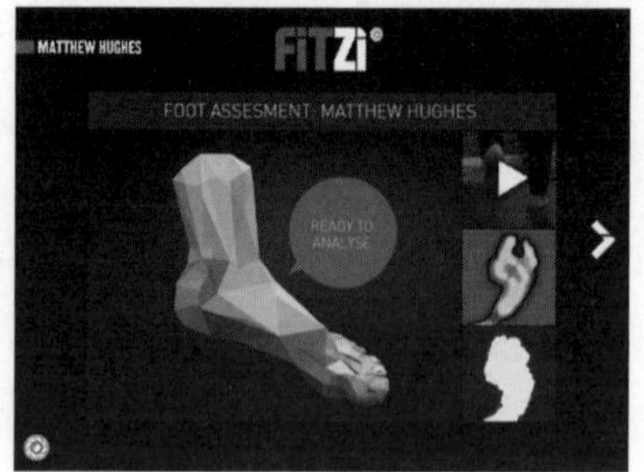

图8-8　数据生成

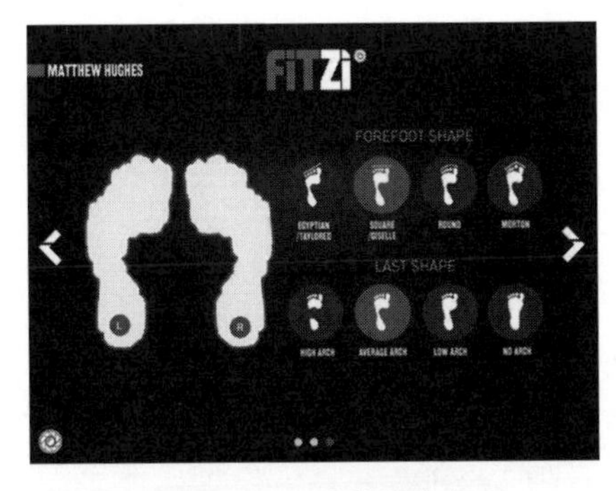

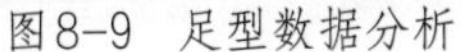
图8-9 足型数据分析

图8-10 步态分析

三、冰刀鞋适脚性测试结果

测试内容：定制冰刀鞋与非定制冰刀鞋足底压力、足面压力、足弓指数测试。

受试者选取四名省队运动员，四人均为国家一级运动员。测试地点为吉林省长春市国家冰上训练基地速滑馆。运动员年龄：18±2岁；体重：58.75±8.30kg；身高：174.30±3.60cm。受试者标准为：①速滑专业训练持续3年以上；②近6个月下肢未发生过严重运动损伤；③下肢肌力正常（5级）；④踝关节跖屈、背屈正常（−15°～+42°）；⑤膝关节无膝超伸和膝过屈；⑥鞋号为法码43#，两双鞋的款式完全相同，鞋里和鞋面材料完全相同。对比鞋为非定制标准化流水线批量产品，改进鞋为量脚定制鞋。改进鞋采用鞋面和鞋里之间材料使用的是热塑性生物基杜仲胶材料，可以根据运动员的足型特点以及运动角度进行塑形调整。

两种冰刀鞋足底压力测试结果见表8-1。

表8-1 对比鞋和改进鞋足底压力测试结果 单位：牛顿（N）

项目	脚趾部位	第一跖趾部位	第二～四跖趾部位	第五跖趾部位	中足内侧部位	中足外测部位	足跟内侧部位	足跟外侧部位
对比鞋	112±9.47	493±6.59	346±6.78	376±0.58	277±1.54	437±6.12	621±10.14	632±7.11
改进鞋	98±2.84	412±9.74	323±2.78	392±3.61	216±3.53	453±2.35	533±11.25	674±8.97

从足底压力测试结果来看，改进鞋的第一跖趾、中足内侧、足跟内侧压力均显著降低，外翻程度得到缓解，足部外翻旋前损伤得到控制。胫骨外翻也会得到相应的缓解，胫骨远端代偿性凸起（大鼓踝）现象得到纠正。

两种鞋足面压力测试结果见表8-2。

表8-2 对比鞋和改进鞋足面压力测试结果 单位：牛顿（N）

项目	第一跖趾关节侧面	第五跖趾关节侧面	第二楔骨顶面	舟状骨顶面	腓骨远端凸点	胫骨远端凸点
对比鞋	85±1.31	73±1.02	49±0.05	76±3.24	57±1.31	52±2.18
改进鞋	83±2.03	81±2.15	44±1.18	72±2.51	48±2.09	45±1.57

运动员足部不适主要集中在六个关键部位，这是评价鞋子合脚性的标志部位。从测试数据可以看出，改进鞋的足面关键六个部位的压力数值均比普通对比鞋的数据有所减小。这说明定制鞋更贴合运动员的足部形态。其不会在局部形成压力集中所造成的挤压不适。

对比鞋和改进鞋两种鞋足弓测试结果见表8-3。

表8-3 对比鞋和改进鞋足弓测试结果 单位：mm

项目	载距突高度	舟状骨高度	第一楔骨高度	第二楔骨高度	骰骨高度
对比鞋	35±1.52	50±1.44	41±0.04	40±1.57	24±1.21
改进鞋	38±0.09	53±0.08	46±1.28	42±0.22	21±1.09

足弓高度是反映运动员内外翻的一个主要指标。足弓降低一般会导致平足外翻，跟骨载距突会下降，前足会造成连锁旋前。同时，舟状骨、第一、二楔骨都会下降、骰骨上升。从测试数据可以看出，改进鞋的足弓高度（各骨骼）要比对比鞋的分别高出2～3mm，数据具有显著性差异。这说明改进鞋除了鞋帮控制增强外，鞋垫足弓承托也起到了非常关键的作用。

第二节 冰刀鞋的能量回归测试

一、冰刀鞋能量回归测试内容

能量回归的测试方法主要有两种。一种是耗氧量测试，另一种是肌电测试。耗氧量也称最大耗氧量，它代表的是运动员摄入氧气总量，可以定义为运动状态下身体运输和利用氧气的能力[4]。一般情况下，耗氧量越大，代表运动员的身体状态越好，但是如果在评价外部运动器材时，如果耗氧量越大，说明身体消耗的额外能量越多，这是评价运动鞋等体育用品能量回归的一个有效手段。但是，耗氧量测试也有它的短板，一方面它需要专业的跑步设备（如跑步机），并且设备还要与跑步机相连接，不能实现无线远程数据收集；另一方面，耗氧量测试是测试的全身能量消耗，并且是以氧气的代谢为评价指标，其专门评价局部肌肉则无法实现。鉴于以上弊端，目前测试下肢肌肉做功普遍使用表面肌电系统。由于它直接贴在相关的肌肉上，其数据直接可靠，所以被广泛应用在滑雪和滑冰器材的能量回归测试中[5]。此外，表面肌电系统还有一个优点就是可以实现无线远程数据采集，对于一些长距离能量回归测试可以实现远程自动数据记录，这是其他设备不具备的。一般情况下，表面肌电数值越大，说明该肌肉做功越多，消耗的能量也就越多，该鞋穿起来也就越费力，同时对肌肉的疲劳损伤风险也会越大。表面肌电系统目前在下肢应用最多的8通道或16通道配置，一般不低于8通道。单纯的下肢肌电测试使用8通道即可满足。如果对于精细动作，则可以使用12通道或16通道系统，这要根据测试的目的来设计具体的测试方案。

二、冰刀鞋能量回归测试方法

（一）受试运动员和测试用鞋

选取四名国家一级运动员进行测试，运动员年龄（18±2岁）；体重：58.75±8.30kg；身高：174.30±3.60cm。受试者标准为：①速滑专业训练持续3年以上；②近6个月下肢未发生过严重运动损伤；③下肢肌力正常（5级）；④踝关节跖屈、背屈正常（-15°～+42°）；⑤膝关节无膝超伸和膝过屈；⑥鞋号为法码43#，两双鞋的鞋身相同，对比鞋采用普通克莱普冰刀，改进鞋采用改进型克莱普冰刀。对比鞋刀桥为常规结构，改进鞋安装了带弹簧组装件的刀桥，其后跟高度比对比鞋增加了3cm（图8-11）。

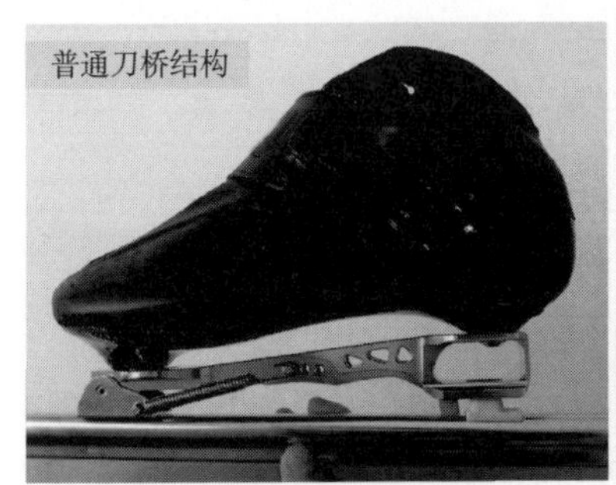

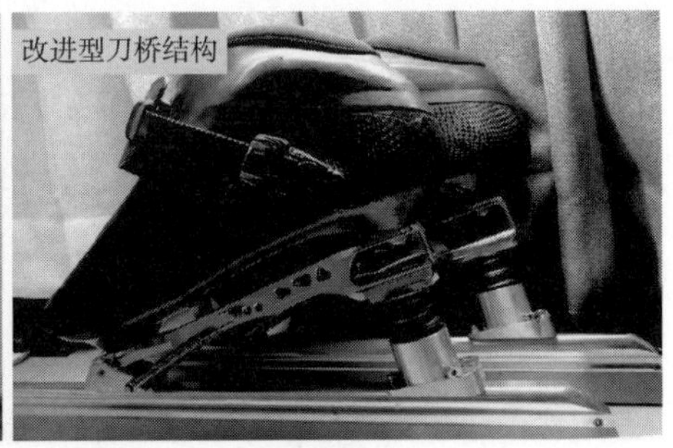

图8-11 刀桥结构不同的对比鞋与改进鞋

（二）测试设备和测试场地

测试设备为YW-wireless16通道便携式无线表面肌电测试仪。跑道长度400m，半圆形半径为36.5m，直道长度84.39m；热身赛道宽度4m。

（三）测试程序

（1）首先对受试者进行下肢各关键关节的活动度进行评估，对足型特征部位的翻角度进行测量（表8-4、图8-12）。

表8-4 受试者关节活动度测试表

项目	屈髋度数	伸髋度数	屈膝度数	伸膝度数	足跟内翻角	足跟外翻角	前足内翻角	前足外翻角
数值	104±5°	35±3°	66±7°	152±4°	1±1°	6±2°	8±2°	9±3°

（2）将表面肌电采集器（电极）固定到运动员的下肢被测试肌肉位置处。受试者穿着统一的比赛专业服，电极放置时先用医用酒精将皮肤消毒，如果有死皮角质需要将其清除，如果是多毛皮肤需要将毛发剔除干净。为确定电极被放置的准确位置，此过程中，受试者要不断进行相关屈伸动作。肌电采集器分别贴在股直肌（左腿CH00、右腿CH01）、胫骨前肌（左腿CH02、右腿CH03）、股二

头肌（左腿CH04、右腿CH05）、腓肠肌内侧头（左腿CH06、右腿CH07），如图8-13所示。左右腿各4个电极，双腿一共8个电极。

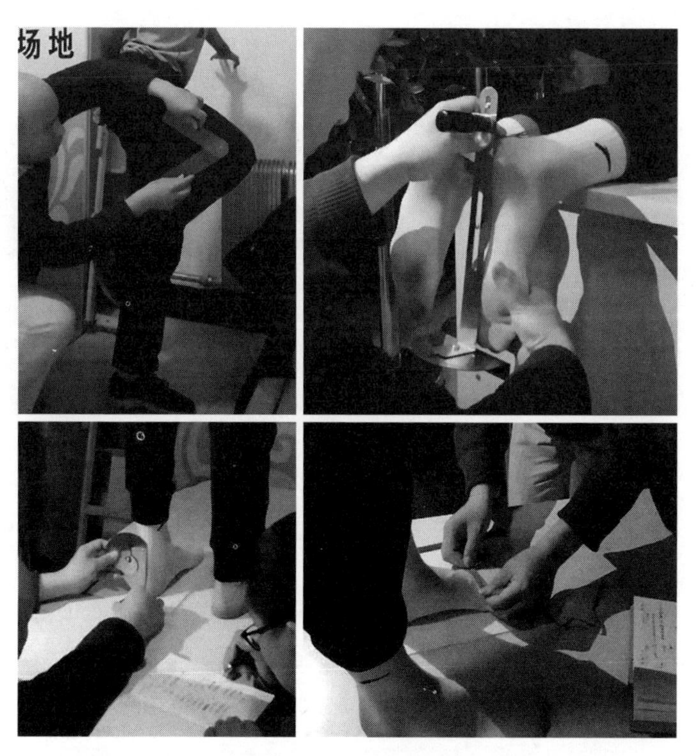

图8-12 受试者下肢关节活动度及足型翻角度测量

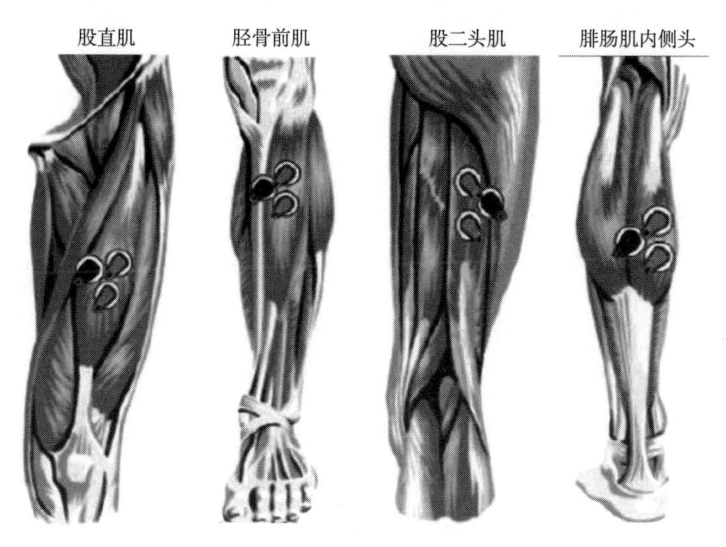

图8-13 电极放置位置

为了防止电极在运动中移位和脱落，需要用医用外敷贴进行二次覆盖加固（图8-14）。电极放置后，运动员肌肉应当无压迫或松弛感，外敷贴对皮肤无牵拉感。

（3）将数据采集盒使用专用带固定在受试者背后，以对受试者胸部不造成压迫感和呼吸顺畅为准（图8-15）。

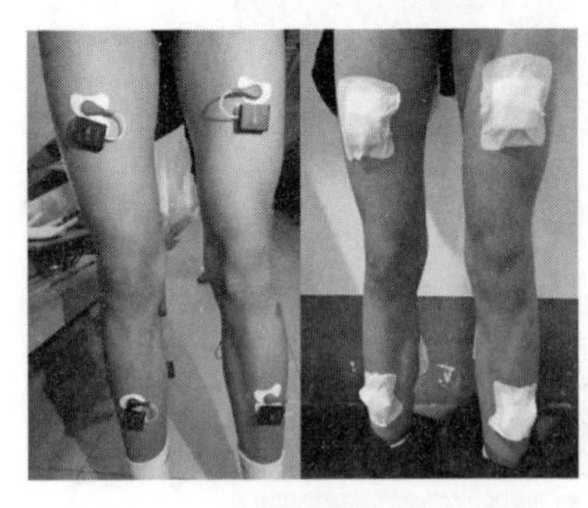

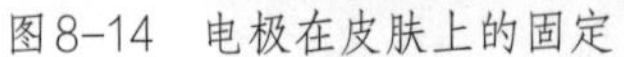
图8-14 电极在皮肤上的固定

图8-15 数据采集盒的固定

（4）设备安装完成后让受试者在场地上自由滑行一圈进行适应，并测试肌电信号是否通顺、稳定、完整。

（5）正式测试。先让受试者穿着普通刀桥结构的克莱普冰刀鞋进行5000米测试。然后休息1小时，等运动员疲劳度完全消失后穿着改进刀桥结构的克莱普冰刀鞋进行第二次测试。运动员休息期间不能暴饮暴食，可适当饮水。测试时，数据采集人员在起滑开始前30秒向教练员发出预备指令，并启动设备系统进行数据采集。结束时，运动员在终点前方100米处减速并掉头缓速停止。

三、冰刀鞋能量回归测试结果

（一）数据处理与分析方法

采用美国加州RLA分类法[6]，将步态周期的时相分为摆动期和支撑期两个阶段，支撑期在滑冰运动中称为蹬冰期，它又分为触冰、承重、蹬冰三个阶段。将5名运动员的肌电图及其数据进行叠加平均处理，取其平均值。将测试结果数据导入EXCEL表格，应用SPSS20.0软件对EXCEL统计数据进行分析。各项数据之间的平均值采用（x均 $\pm s$）表示，组间独立样本采用t检验，显著性水平差异为（$P < 0.05$）。RMS（均方根）肌电数据需要进行全波段整流处理，以保证数据的可靠性。

（二）冰刀鞋能量回归测试结果

1.步态周期用时（表8–5）

表8–5 大道速滑步态周期用时比例

项目		总用时s/（$x_{均}\pm s$）	摆动期用时（%）	蹬冰期用时（%）
对比鞋	左腿	6′53″01	41	59
	右腿	6′48″12	42	58
改进鞋	左腿	6′39″05	37	63
	右腿	6′37″03	38	62

从表8–5可以看出：

（1）对比鞋左腿的总用时（6′53″01）大于右腿（6′48″12），改进鞋左腿总用时（6′39″05）也大于右腿（6′37″03），改进鞋左右腿总用时均小于对比鞋。

（2）对比鞋摆动期左腿用时（41%）小于右腿用时（42%），蹬冰期左腿用时（59%）大于右腿用时（58%）；改进鞋摆动期左腿用时（37%）小于右腿用时（38%），蹬冰期左腿用时（63%）大于右腿用时（62%）。对比鞋和改进鞋分别在摆动期、蹬冰期出现了相同的规律。

（3）同一步态周期比较，对比鞋摆动期左、右腿的用时（41%、42%）均大于改进鞋的（37%、38%），蹬冰期左、右腿的用时（59%、58%）均小于改进鞋的（63%、62%）。改进鞋的蹬冰期用时增加。

2.单位时间内肌肉IMEG（表8–6）

表8–6 大道速滑单位时间肌肉IEMG对比表

肌肉名称	对比鞋		改进鞋	
	左腿	右腿	左腿	右腿
股直肌	5.555±3μV	21.505±5μV	69.515±14μV	80.545±335μV
胫骨前肌	52.295±12μV	640.235±136μV	84.275±20*μV	142.045±300*μV
股二头肌	23.965±9 μV	48.565±29μV	39.995±11μV	15.395±209μV
腓肠肌内侧头	17.855±2μV	36.265±13μV	10.475±4*μV	251.555±323*μV

注 *表示$p<0.05$，即对比鞋与改进鞋对比具有显著性差异。

从表8-6可以看出：

（1）改进鞋的双腿胫骨前肌的IEMG放电、腓肠肌内侧头的IEMG放电情况，与对比鞋有显著性的差异。

（2）对比鞋左腿IEMG的最大放电数值出现在胫骨前肌（52.295），最小值出现在股直肌（5.555）；对比鞋右腿的IEMG的最大放电数值出现在胫骨前肌（640.235），最小值也是出现在股直肌（21.505）。

（3）改进鞋左腿IEMG的最大放电数值与对比鞋类似，也是出现在胫骨前肌（84.275），最小值出现在腓肠肌内侧头（10.475）；改进鞋右腿IEMG的最大放电数值出现在腓肠肌内侧头（251.555），最小值出现在股二头肌（15.395）。

3.振幅曲线

从图8-16可以看出：

（1）整体来看，对比鞋与改进鞋的RMS曲线有明显差异。对比鞋的RMS曲线振幅较大；改进鞋RMS曲线振幅相对较小，整体呈现一种平滑趋势。

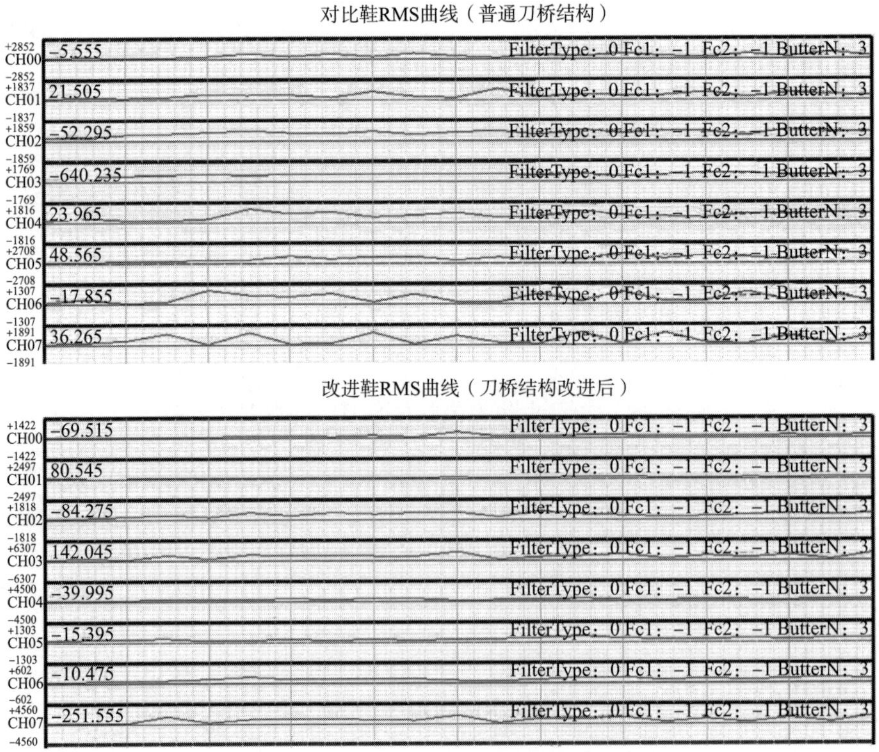

对比鞋RMS曲线（普通刀桥结构）

改进鞋RMS曲线（刀桥结构改进后）

图8-16　大道速滑肌肉RMS振幅曲线对比图

（2）振幅变化最为显著的是对比鞋的腓肠肌内侧头（左腿CH06、右腿CH07），它与改进鞋的振幅有显著差异。并且左腿振幅大于右腿，但是左腿频率不如右腿。

（3）振幅对比较为明显的是对比鞋的胫骨前肌（左腿CH02、右腿CH03）与改进鞋也有较大差异。

（4）股直肌（左腿CH00、右腿CH01）在两双鞋的对比中曲线振幅数值差异最小。

4.肌肉贡献率

从图8-17和表8-7得出所有肌肉发力（即做功）的大小等级排列如下：

（1）对比鞋左腿：胫骨前肌（52.295）>股二头肌（23.965）>腓肠肌内侧头（17.855）>股直肌（5.555）；测试鞋右腿：胫骨前肌（640.235）>股二头肌（48.565）>腓肠肌内侧头（36.265）>股直肌（21.505）；虽然右腿与左腿的肌肉发力大小的规律相同，但是右腿总体做功普遍大于左腿。

（2）改进鞋左腿：胫骨前肌（84.275）>股直肌（69.515）>股二头肌

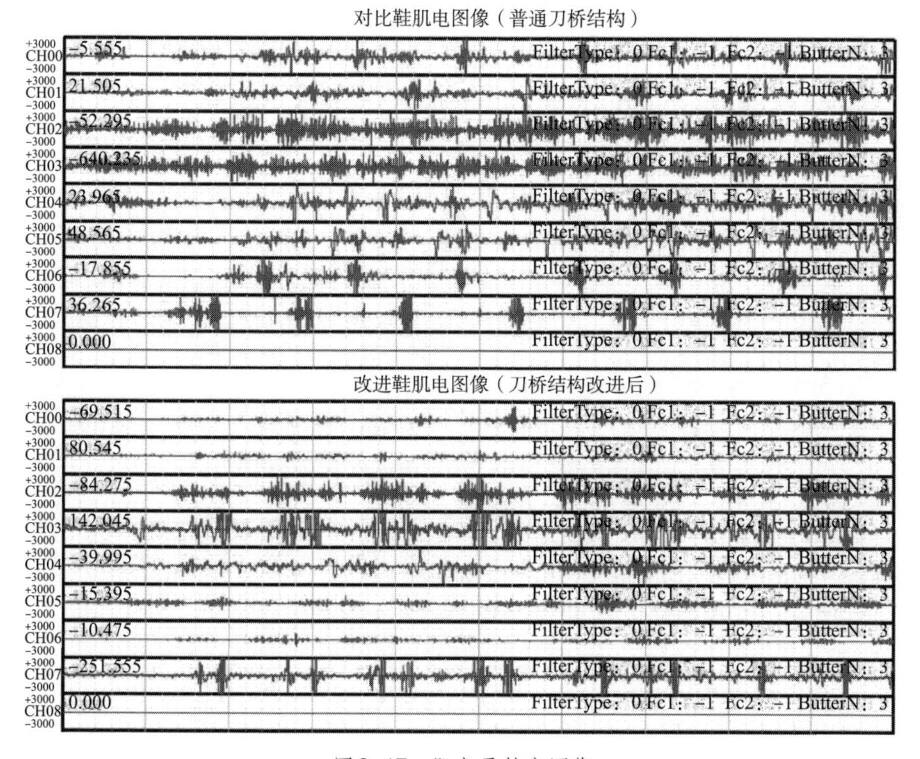

图8-17 肌电贡献率图像

（39.995）＞腓肠肌内侧头（10.475）；对比鞋右腿：腓肠肌内侧头（251.555）＞胫骨前肌（142.045）＞股直肌（80.545）＞股二头肌（15.395）；右腿出现了与左腿肌肉发力大小不同的排列规律；同对比鞋，改进鞋的右腿各肌肉做功普遍大于左腿。

表8-7 大道速滑肌肉贡献率排序表

肌肉名称	测试鞋		对比鞋	
	左腿	右腿	左腿	右腿
股直肌	4	4	2	3
胫骨前肌	1	1	1	2
股二头肌	2	2	3	4
腓肠肌内侧头	3	3	4	1

四、冰刀鞋能量回归测试结果分析

从表面肌电测试结果来看，对比鞋与改进鞋在步态周期、单位时间放电量、振幅曲线和肌肉贡献率四个方面均存在显著差异。这说明冰刀刀桥结构设计对于大道速滑运动员的能量回归具有重要影响。

（1）从步态周期测试结果来看，改进鞋左右腿总用时均小于对比鞋，这说明刀桥结构改进后的克莱普冰刀鞋其整体速度得到了提升。根据能量守恒公式：$P=mv$（动量=质量×速度），当运动员身体重量不变的情况下，其速度增加动量也随之增加。由冲量与动量转化公式$Ft=mvt-mv0$可知，当时间t越少，所用力量F也就越小，肌肉力量越小所消耗能量越低。所以，刀桥结构改进后的克莱普冰刀鞋降低了运动员的能量损失。

对比鞋和改进鞋左腿的总用时都大于右腿，说明运动员的左腿为持重腿（也称发力腿），其发力时间较久，这与步态蹬冰期左腿用时大于右腿相一致。

从摆动期和蹬冰期横向对比结果来看，改进鞋蹬冰期左右腿用时均大于对比鞋，这说明在蹬冰期（接触冰面）人体能量得到增强，摆动期（足部悬空）能量消耗减少。

（2）单位放电量IEMG，这一指标反映的是一定时间内肌肉中参与活动的运动单位的放电总量，它主要用于分析肌肉在单位时间内的收缩特性[7, 8]，它是反映肌肉做功的最直接指标之一。

通过对比鞋IEMG值可以看出，其左右腿最大值都出现在胫骨前肌，这说明对比鞋能量消耗最大的肌肉是胫骨前肌。胫骨前肌是踝关节跖屈的重要肌肉，它在足部蹬冰期发挥着主要作用[9]。这一结果符合速滑运动的人体生物力学原理。

但是，通过分析对比鞋的IEMG值发现，改进鞋右腿的IEMG最大值出现在了腓肠肌内侧头，这说明改进刀桥结构对运动员的发力肌肉部位产生了改变。这与刀桥后端弹簧高度增加有直接关系。随着弹簧高度的增加，踝关节跖屈角度增大，运动员身体重心前倾，腿部蹬冰期发力跖屈运动省略，发力肌肉由原来的胫骨前肌变为了腓肠肌。

此外，在腓肠肌内外侧头的力矩对比中，因为腓肠肌外侧头较内侧头粗大，其承担着更多的放电任务[10, 11]，其IEMG值的可信度较好。这也是下肢表面肌电试验通常选取内侧头的一个主要因素。

另外，虽然改进鞋左腿IEMG最大值也出现在了胫骨前肌，但是其数值（84.275）远低于右腿腓肠肌内侧头（251.555），这与其左腿作为持重腿的习惯发力有关。从改进鞋右腿腓肠肌内侧头IEMG数值（251.555）来看，其数值远低于对比鞋右腿胫骨前肌数值（640.235），这说明改进后的刀桥结构能量消耗低于普通克莱普冰刀鞋的。

（3）从RMS振幅曲线来看，对比鞋与改进鞋差异较大。RMS振幅曲线是一个判断肌肉活动时程、肌电活动强度的重要指标[12-14]。它是下肢表面肌电测试的一个有力工具。如果RMS曲线振幅越大，说明该肌肉做功越强[15, 16]。同时，能量消耗也越高。

测试结果显示改进鞋RMS曲线振幅整体上明显小于测试鞋，这说明改进刀桥结构后的对比鞋能量消耗低于测试鞋，其中腓肠肌内侧头是变化最大的一个变量（左腿CH06、右腿CH07）。这说明刀桥的后跟高度对胫骨前肌做功具有减弱作用。这一结果也与IEMG测试结果相吻合。

在该曲线图像中股直肌（左腿CH00、右腿CH01）的曲线绝对数值差异波动较小，这说明两双鞋的刀桥结构差异对该肌肉放电影响不大。这与该肌肉距离足踝较远，位置偏高有一定的关系。

（4）从肌肉贡献率测试结果来看，改进鞋的肌肉做功大小次序与对比鞋有所不同。对比鞋的胫骨前肌做功排在第一位，而改进鞋的腓肠肌内侧头排在第一位。这一结果与IEMG测试结果一致。说明了改进后的刀桥结构降低了胫骨前肌的能量损失。

根据左、右腿肌电数值可以看出，对比鞋和改进鞋的移动腿做功均大于持重腿。这说明，刀桥结构改进对于移动腿的能量回归改善作用更强。

肌肉贡献率还可以判断人体冠状面肌肉链的整体做功分布[17，18]。从测试结果来看，大道速滑运动时的主要做功肌肉集中于膝关节以下的小腿区域。其中以胫骨前肌和其拮抗肌腓肠肌为主。而膝关节以上的股直肌和股二头肌（互为拮抗肌）做功居于次要位置。

五、表面肌电对于冰刀鞋能量回归改善的结果与启发

（1）改进型冰刀鞋可以在蹬冰期（接触冰面）使运动员能量得到增强，摆动期（足部悬空）能量消耗减少，有利于提高能量回归效率。

（2）改进型冰刀鞋可以改变小腿肌肉发力次序，使最大做功肌肉发生转移，进而节省能量。

（3）改进型冰刀鞋可以整体降低下肢肌肉能量消耗，提高能量回归效果。

（4）改进型冰刀鞋可以使移动腿的做功得到更好提升，并且给予我们以下启发：小腿肌肉的做功改善可以作为未来冰刀鞋研发突破的一个重点方向。突破的方式应当集中在鞋楦形态、鞋垫助力、鞋帮稳定、刀桥结构改进、刀刃材料（含涂层）的提升。

第三节　冰刀鞋对运动姿态的影响测试

一、运动姿态的测试内容

运动姿态的测试目的主要是用来评估冰刀鞋的防损伤性。它主要是通过分析穿鞋状态下的运动角度来评估鞋子对运动员造成的损伤风险[19]。目前用于姿态评估的设备主要是三维动作捕捉系统。三维动作捕捉系统也分为两种，一种是红外动作捕捉系统，另一种是传感式动作捕捉系统。红外捕捉系统需要受试者在主要关节部位进行贴标志点（Mark点），标志点一般都是由专业的反光材料制成，目的是让摄像头更准确地捕捉到信号轨迹。这种系统受光线影响较大，虽然现在在室外自然光线下也能很好地捕捉到信号，但是其远距离准确度会降低[20]。

而传感型信号捕捉系统则不存在这样的弊端。此外，在400米的大道速度滑冰中，摄像头系统无法在运动员的正前方（额状面）角度以及正后方拍摄视频，所以无法获取足部内外翻角度，这也导致必须使用传感型测试器进行数据采集。

二、运动姿态的测试设计

（一）测试鞋和受试者

定制冰刀鞋与非定制冰刀鞋下肢关节角度、角速度测试。

受试者选取4名省队运动员，4人均为国家一级运动员。运动员年龄：18 ± 2岁；体重：58.75 ± 8.30kg；身高：174.30 ± 3.60cm。受试者标准为：①速滑专业训练持续3年以上；②近6个月下肢未发生过严重运动损伤；③下肢肌力正常（5级）；④踝关节跖屈、背屈正常（−15° ~ + 42°）；⑤膝关节无膝超伸和膝过屈；⑥鞋号为法码43#，两双鞋的款式完全相同，鞋里和鞋面材料完全相同。对比鞋为非定制标准化流水线批量产品，改进鞋为量脚定制鞋。此外，对比鞋采用普通克莱普冰刀，改进鞋采用改进型克莱普冰刀。对比鞋刀桥为常规结构，改进鞋安装了带弹簧组装件的刀桥，其后跟高度比对比鞋增加了3cm。

（二）测试设备和测试场地

测试地点为吉林省长春市国家冰上训练基地速滑馆，见图8-18。测试跑道长度400m，半圆形半径为36.5m，直道长度84.39m；热身赛道宽度4m。测试设备为RA-Gait2.0便携式三维动作捕捉系统。

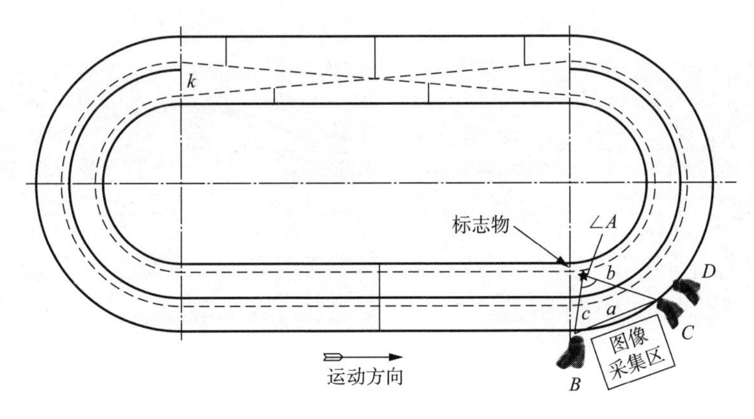

图8-18 长春市国家冰上训练基地速滑馆跑道

三、运动姿态测试结果分析

入弯过程中，全身肌肉通过牵拉骨杠杆增加脚对冰面的蹬力，从而为滑行过程提供原动力，而下肢关节力量是提高滑行速度的核心。深入分析总结运动员下肢各关节角度和角速度变化情况，可准确了解运动员入弯过程中的身体姿态，有利于加深对其动作结构的剖析，明确其在入弯过程中蹬冰发力情况，并揭示其动力规律。

（一）入弯时的左侧下肢髋、膝、踝关节角度变化情况分析

如图8-19所示，三条颜色不同的曲线分别代表左下肢关节在入弯过程中其角度的变化情况，其中蓝色三角形标志物代表左侧下肢髋关节角度，黄色菱形标志物代表左侧下肢膝关节角度，红色方形代表左侧下肢踝关节角度。由于交叉蹬冰滑行过程中，左侧下肢的主要动作为左腿蹬伸，以左腿外刃向右后侧蹬冰，所以在交叉蹬冰滑行过程，从右腿交叉压道蹬冰起始点之后，左下肢各关节均处于伸展状态。根据关节角度变化幅度大小排序，依次为左侧下肢髋关节>左侧下肢膝关节>左侧下肢踝关节，其中左侧下肢髋关节角度变化幅度最大，幅度相差近40°，其次是左侧下肢膝关节，变化幅度相差20°，而左侧下肢踝关节的变化幅度最为平缓，髋关节角度相对于膝关节角度和踝关节角度增大明显，曲线上升趋势显著；结合具体实验数据可知，在交叉蹬冰滑行过程右腿起始交叉时，左侧下肢髋、膝、踝关节的角度分别为 75.2°（±0.27°）、113.03°（±0.8°）和101.51°（±3.18°）；在交叉蹬冰滑行过程左腿蹬冰伸直时，左下肢髋、膝、踝关节的角度分别为124.78°（±1.51°）、153.81°（±1.34°）和104.09°（±1.36°）；在交叉蹬冰滑行过程左腿收起离开时，左下肢髋、膝、踝关节的角度分别为132.92°

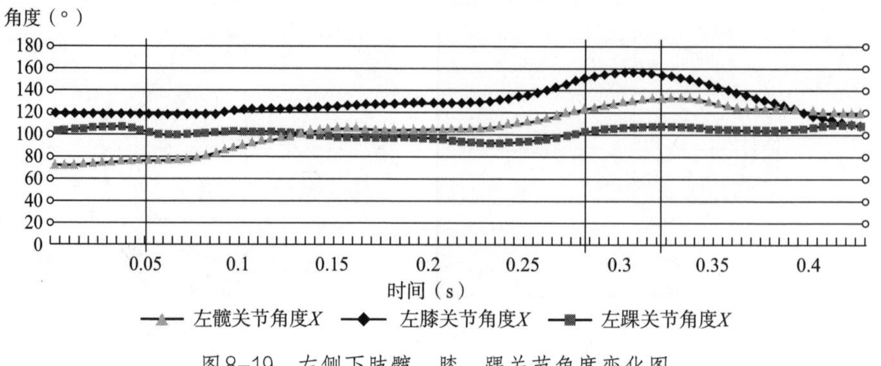

图8-19 左侧下肢髋、膝、踝关节角度变化图

（±0.17°）、153.09°（±0.73°）和108.26°（±0.54°）。左侧下肢髋关节角度的最大值为132.92°和最小值为75.2°；左侧下肢膝关节角度的最大值为153.09°和最小值为113.03°；左下肢踝关节角度的最大值为108.26°和最小值为91.82°。

（二）入弯时的左侧下肢髋、膝、踝关节角速度变化情况分析

如图8-20所示，在入弯交叉蹬冰滑行过程中，左侧下肢各关节在交叉蹬冰滑行阶段中，左侧下肢膝关节、左侧下肢踝关节和左侧下肢髋关节三者的角速度变化曲线相似，而前两者的曲线变化幅度相对较大，左侧下肢膝关节和左侧下肢踝关节在交叉蹬冰滑行过程中，发力较左侧下肢髋关节明显。其中左侧下肢膝关节角速度曲线在右腿交叉攻冰左腿蹬滑过程的后半部分，左腿蹬冰伸直至左腿收起阶段时有明显的变化，且曲线斜率变化较大，说明其主动发力比较明显，左侧下肢髋关节和左侧下肢踝关节也出现此现象。三者整体对比，左侧下肢踝关节在这一阶段的发力持续时间较长；且角速度曲线在这一阶段比较，左侧下肢踝关节的幅度较稳定些，结合测验视频图像可知，这是由于左侧下肢的蹬冰伸直在收回，使得左下肢膝关节产生快速折叠所致。由此从整体上分析，左下肢各关节在交叉蹬冰滑行过程中，两个不同阶段的发力顺序依次为：髋—膝—踝、膝—髋—踝。

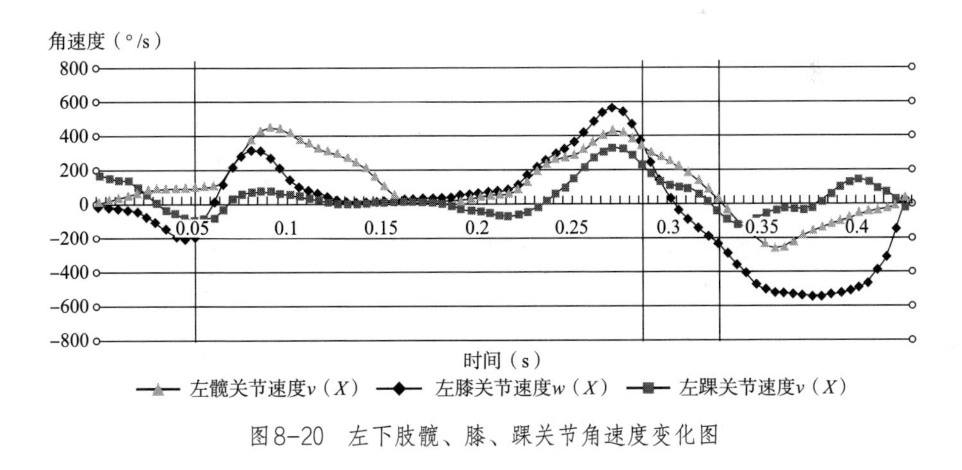

图8-20 左下肢髋、膝、踝关节角速度变化图

（三）入弯时的右侧下肢髋、膝、踝关节角度变化情况分析

如图8-21所示的三条颜色不同的曲线分别是右侧下肢关节在入弯过程中其角度的变化情况。其中蓝色三角形标志物代表右侧下肢髋关节角度，黄色菱形标

志物代表右下侧肢膝关节角度，红色方形标志物代表右侧下肢踝关节角度。如图8-21所示，在交叉蹬冰滑行过程中，右侧下肢髋关节和踝关节角度曲线在交叉蹬冰滑行过程的时间里没有明显的变化，关节角度变化幅度较为平稳，其中右侧下肢髋关节变化幅度接近10°，右侧下肢踝关节的变化幅度也仅相差不到20°；由于交叉蹬冰滑行过程中，右下肢的主要动作为右腿功冰交叉压道，以右脚内刃向前侧滑行，右侧下肢膝关节角度的曲线总体趋势是先增大后减小，幅度相差近40°。结合具体测验数据可知，在交叉蹬冰滑行过程右腿交叉起始点时，右侧下肢髋、膝、踝关节的角度分别为 63.09°（±1.19°）、141°（±1.49°）和115.23°（±0.72°）；在交叉蹬冰滑行过程左腿蹬冰伸直时，右侧下肢髋、膝、踝关节的角度分别为54.05°（±0.08°）、108.7°（±0.97°）和101.89°（±0.46°）；在交叉蹬冰滑行过程左腿收起离开时，右侧下肢髋、膝、踝关节的角度分别为57.64°（±0.47°）、109.59°（±0.55°）和97.73°（±1.85°）。右侧下肢髋关节角度的最大值为63.09°和最小值为53.85°；右侧下肢膝关节角度的最大值为141°和最小值为108.7°；右侧下肢踝关节角度的最大值为117.41°和最小值为97.73°。

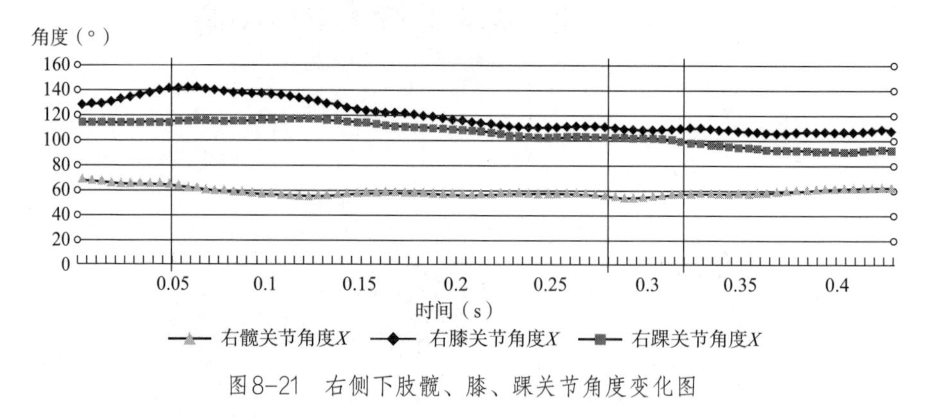

图8-21 右侧下肢髋、膝、踝关节角度变化图

（四）入弯时的右侧下肢髋、膝、踝关节角速度变化情况分析

如图8-22所示，三条颜色不同的曲线分别是，蓝色三角形标志物代表右侧下肢髋关节角速度，黄色菱形标志物代表右侧下肢膝关节角速度，红色方形标志物代表右侧下肢踝关节角速度。右侧下肢各关节角速度曲线变化从总体上看还是比较稳定的。

对实验视频图像进行分析后可知，在交叉蹬冰滑行过程当中，右腿主要是从右腿攻冰交叉压道起始点一直滑行直至左腿蹬冰伸直再收起时，结合图8-22可知，右侧下肢髋关节的变化曲线在开始时先是上升，达到一定程度时下降，说明右侧下肢髋关节发力较明显；其中右侧下肢膝关节在这一阶段相比较其他两个关节，其角速度曲线波动最大，右下肢膝关节为了稳固滑行姿势，说明右侧下肢膝关节发力最明显；然而右侧下肢踝关节在这一阶段最先接触冰面，在右脚接触冰面开始时和左腿蹬冰伸直时，为了保持滑行姿势的稳定，这两时间节点的右侧下肢踝关节发力较明显。由此从整体上分析，右侧下肢各关节在交叉蹬冰滑行过程中两个不同阶段的发力顺序依次为：膝—踝—髋、踝—髋—膝。

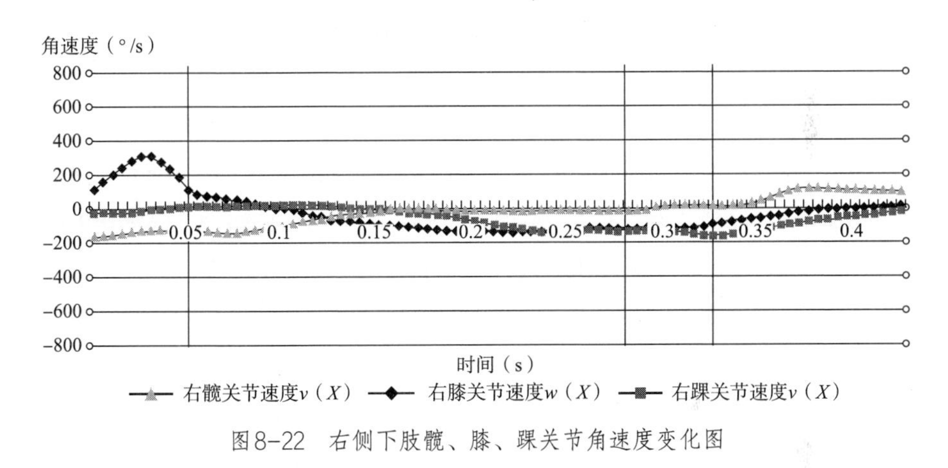

图8-22 右侧下肢髋、膝、踝关节角速度变化图

参考文献

[1] 万蓬勃，赵旭梅，张文利，等. 基于鞋靴的合脚与舒适性研究综述[J]. 皮革科学与工程，2018，28(2)：5.

[2] 连冠鑫. 长期站立足底压力变化与鞋靴舒适性关系的研究[D]. 西安：陕西科技大学，2013.

[3] 侯雪莲. 不同弓高足弓垫对穿着舒适性和足底压力分布影响的功能性研究[D]. 武汉：湖北大学，2014.

[4] 张加艳. 速度滑冰支撑方式中步长、步频与步速之间的关系研究[D]. 长春：东北师范大学，2006.

[5] 刘贵宝. klap 冰刀铰链点定位和冰鞋跖屈对能量输出影响的研究[J]. 冰雪运动，2002(2)：1-4.

[6] 王占星. 老年人防跌倒鞋的生物力学特征研究[D]. 南京:南京体育学院,2020.

[7] 杨静宜,王瑞元. 股四头肌等速向心收缩肌电图测定与分析[J]. 北京体育大学学报,1995,18(4):28-34.

[8] 周志鹏,郑亮亮,孙萌梓,等. 鞋帮高度对侧切动作踝关节生物力学特征的影响[J]. 皮革科学与工程,2021,31(6):64-69.

[9] 王占星,宋雅伟,刘鸣峻,等. 本体感受鞋垫对于儿童功能性平足的矫正效果[J]. 皮革科学与工程,2021,31(2):68-73.

[10] Larsson L, Forsberg. Morphological muscle characteristics in rower[J]. Canadian Journal of Applied Sport Science, 1980(5):239-244.

[11] 孙启柱,孙怡宁,丁祥峰,等. 基于表面肌电的运动员训练过程实时监控与评估系统的设计与实现[J]. 生物医学工程研究,2004,23(3):144-148.

[12] 刘钦华,赵功赫,初心,等. 儿童鞋中后底硬度对跑步过程中下肢生物力学影响[J]. 皮革科学与工程,2021,31(6):53-58.

[13] 苏朕鑫,何文革,杨贤罡,等. 足球鞋的核心结构及运动生物力学特征研究进展[J]. 皮革科学与工程,2021,31(5):60-65,81.

[14] Delnoij R GertdeGroot, R W de Boer, GJ van Ingen Schenau. Refinements on the determination of power output during speed skating[J]. In: BiomechanicsX-B,1986:691-694.

[15] 林彦山,徐志群,汤建平,等. 速滑弯道滑行肌电图研究[J]. 冰雪运动,1985(2):30-31.

[16] 黄达武,陈亮,王新宝,等. 优秀男子短距离速度滑冰运动员于凤桐表面肌电的特征[J]. 北京体育大学学报,2016,39(7):66-74.

[17] 魏书涛. 不同鞋帮类型足球鞋对踝关节稳定性的影响[J]. 皮革科学与工程,2021,31(1):69-74.

[18] 李晓光,周贵臣,邹晓峰. 我国优秀速滑运动员弯道蹬冰动作的生物力学分析[J]. 冰雪运动,2005(2):3-4.

[19] 李晓光,周贵臣,邹晓峰. 我国优秀速滑运动员弯道蹬冰动作的生物力学分析[J]. 冰雪运动,2005(2):2.

[20] 李宽泽,孔令凯,丁刚. 短跑道速滑弯道技术动作分析[J]. 吉林工业大学学报,1989.

第九章

冰刀鞋的热湿性能和卫生性能

冰刀鞋舒适性的含义很广，通常可分为主观上的舒适性和客观上的舒适性。主观舒适性要素包括色彩、图案、装饰工艺和装饰配件等，主观舒适性就是指这些因素满足穿着者的心理舒适度和消费者在滑冰场穿着的适应性。客观舒适性是指冰刀鞋给穿着者所带来的客观感觉，包括压力、热湿和触觉，如冰刀鞋的适脚性、空间结构的合理性、材料的透气性、透水性、透水汽性、保暖性、轻量化和鞋内的柔软性等。

影响冰刀鞋舒适性的因素主要有五方面：鞋楦造型和结构、鞋帮款式和结构、底部件、生产加工工艺和所选用的材料。

本章主要介绍专业冰刀鞋在速滑运动状态下鞋腔内的热湿性能和卫生性能。

第一节 脚—鞋—环境的关系

人是大自然中的一员，脚—鞋—环境是一个不可分割的系统，脚的热湿舒适感觉是环境、鞋以及脚各因素综合作用的结果。鞋内微气候环境是指鞋与脚皮肤之间微小空间的温度、湿度、风速等的总称，是影响鞋子热湿舒适性的关键因素。舒适的鞋内微气候范围并不宽，一般指鞋腔温度24～28℃、相对湿度60%～73%、风速25±15cm/s、脚的皮肤温度28～33℃，微气候如能稳定在此舒适标准小气候附近，脚就感觉舒适。若温度过高则脚部开始出汗，过低则感觉凉；相对湿度若低于40%则使脚燥热，若高于73%鞋腔内又会产生潮湿感。

一、脚

人体总是处于一定的环境系统中，并且必须保持恒定的体温，作为人体的一部分，脚自然也是这样。脚可以通过出汗、血管收缩及血管扩张来调节温度变化，保持脚与环境的热湿平衡，但这种生理调节是有限的。所以，人们选择了行为调节，即通过选择合适的鞋和袜子来调节温度变化，以保持脚与环境的热湿平衡。为了维持生命的正常运行，人体的产热和出汗必须通过各种器官排向外界环境。而脚就是其中重要的一个肢体器官，它每时每刻都在产生热量、分泌汗液，并与鞋、外界环境形成了一个十分复杂的热湿传递系统。

二、鞋

穿鞋是人们必需的行为调节手段，鞋就是脚与外部环境间热湿传递的屏障，这一屏障可以保护脚体免受温度过热、过冷及湿度过高、过低带来的伤害。

人的生理活动都是在一定的温度和湿度下进行，离开特定的温度和湿度，人就会代谢紊乱，人的生命就会受到威胁。鞋子的基本功能之一是保持人脚在热湿环境中的热湿平衡。在生物进化过程中，人已失去了许多控制热量和保持热湿平衡的能力。穿鞋可以在皮肤和鞋子之间形成舒适的微气候环境，来保护脚免受气候变化的影响，并在各种综合环境条件和体力活动下，使脚保持正常的热湿平衡。换句话说，鞋子的一个重要任务是支持脚热湿调节系统，使脚处于较大的环境变化和激烈的体育运动状态下仍能保持温湿度处于正常范围。从生理学角度考虑，鞋可以看成准生理学系统，它是人体的外延。因此，鞋是保护脚的必需品，鞋的热湿传递性能的好坏直接影响人的日常生活。

脚新陈代谢产生的热量和湿量通过鞋散发到环境中去，环境的热湿变化也通过鞋传递给脚。在这个热湿传递系统中，鞋是热湿传递的中介，它固有的热湿传递机理直接决定了脚的热湿舒适性。理想的鞋子，一般是指根据外界环境条件和人体活动状态不同，能调节挡住或转移水分和热量，具有使鞋内微气候环境经常保持在舒适度范围内的调节功能的鞋。

三、环境

这里的环境是指运动员进行速滑时所处的大气环境，它用大气温度、相对湿度、空气运动三项指标来描述。大气温度越高，由传导、对流、辐射所引起的脚体的热量损失越小；相对湿度或空气的水汽含量决定着气态水（汗液）是皮肤向环境传递或是反方向传递；空气运动（包括风速、方向及气流形式、大气压力等）也会对穿鞋后的脚的热湿舒适性产生较大影响。

鞋腔微气候环境的研究是热湿舒适性研究的重要组成部分，它把脚—鞋—环境三者联系在一起，作为一个系统来探讨实际穿着状态下鞋腔内温度和相对湿度的变化情况。脚、脚与鞋腔之间的微小气候（简称微小气候）、鞋、环境的关系如图9-1所示。

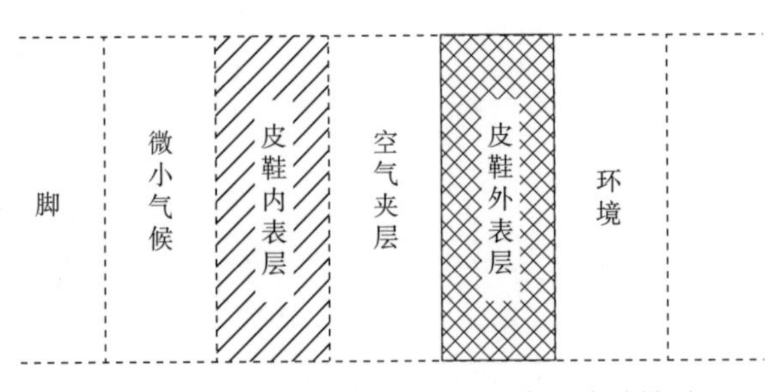

图9-1 脚、微小气候、鞋、环境的关系模型

总之，冰刀鞋的穿用舒适性包括触觉舒适性、压力舒适性和热湿舒适性，这三个舒适性决定了人们对舒适感觉评判的90%，尤其热湿舒适性在冰刀鞋穿用舒适性能中的地位越来越重要，它已成为业界研究的课题方向和提升速滑成绩的有力武器。热湿舒适性是指脚、鞋和外界环境之间生物热力学的综合平衡，包括热平衡和湿平衡；即在热湿环境条件下，显著影响脚舒适的冰刀鞋综合散热、散湿性能。

由于脚与人体全身的血液循环、上呼吸道及内脏之间均有着十分密切的关系，根据经络理论，如果足部健康受到影响，则势必影响到呼吸道和内脏，从而引起胃疼、腰腿疼等种种其他病症，进而影响到人体全身的健康。人体脚上的皮肤虽然只占全身总皮肤面积的7%，但却分布有40%以上的人体汗腺组织，高密度分布的汗腺每天会分泌出大量汗液，当人们行走或运动时，脚上分泌的汗液更会成倍增加。由于汗液中含有蛋白质等有机物质，再加上鞋内的温度和湿度非常适宜于细菌繁殖，因而在人们日常穿着中，鞋内会繁殖大量细菌。人们平时所说的鞋臭就是由细菌繁殖所产生的代谢产物引起的。以前，业界人士也采取了一些方法，如采用含香料的除臭鞋垫，但随着香料的逐渐挥发消耗，其除臭作用也就逐渐消失，不能从根本上解决鞋臭问题。后来，业界人士又发现，在人们运动过程中，脚汗的排泄与挥发、热量的保留与扩散、脚皮肤的舒适与难受，都和鞋的结构及所使用的材料紧密相关。因此，又把研究鞋类舒适性的精力集中在鞋材的透气性、透水性和透水汽性等卫生性能的研究上。然而，这只是决定鞋卫生性能的基础。实际上由于不同的成鞋款式结构、帮面和帮里的组合方式、补强和定型材料以及各类胶黏剂的使用，成鞋的透气性、透水性和透水汽性并不等同于材料透气性、透水性和透水汽性的简单相加。真正直接决定成鞋穿着舒适性的因素是穿着时的鞋腔微气候环境，即鞋腔内的温度和湿度。因此，要想满足人脚舒适性和卫生性的要求，必须从鞋的热湿舒适性入手来研究。

第二节 冰刀鞋热湿性能和卫生性能的表征

冰刀鞋的热湿性能是指脚、鞋和外界环境之间生物热力学的综合平衡，包括满意的热平衡和湿平衡。

冰刀鞋的卫生性能是一个很复杂的概念。冰刀鞋的卫生性能是指不会导致脚部疾病，也不会因此而影响到人体健康和人身安全的性能。与鞋帮舒适性有关的性能是吸湿性、保温性、含气性、透气性、导热性等，与安全防护性有关的性能是皮肤的防伤害性、防虫蛀性、防霉、防菌性及抗静电性和防污性等。

通过查阅和借鉴大量相关行业的研究资料，冰刀鞋的热湿性能、卫生（耐菌）性能从以下几个方面进行表征：

一、冰刀鞋热湿性能的表征

（一）冰刀鞋的透气性能

由于脚部皮肤蒸发的水分及代谢产生的二氧化碳等气体需要与外界新鲜空气进行交换，所以透气性是指鞋材的透空气能力。从耐菌学角度要求，鞋材的透气性良好，成鞋鞋腔与外界环境的空气交流快，则热量和汗液能很好地排出，保持鞋腔内的耐菌和舒适；反之，鞋腔内热量会积聚，捂脚出汗，使细菌滋生，堵塞气孔，降低鞋材的耐菌和舒适性。

透气性指标以在鞋材试样两侧相反方向上的压力差等于10cm水柱高时，每小时通过1cm^2试样的空气体积（以mL计）来表征。具体测定原理如下：

采用H. C. 费多罗夫皮革透气性测定仪，在试样两侧相反的方向上形成空气的压力差，测量在此条件下通过试样的空气量（体积）。透气性的指标就是在试样两侧相反方向上的压力差等于10cm水柱高时，每小时通过1cm^2试样的空气体积（以mL计）。

试样的透气度公式：

$$K=\frac{100\times 3600}{10(t-t_0)m}\times\frac{36000}{(t-t_0)m} \tag{9-1}$$

式中：K——试样透气度，mL/（cm^2·h）；

t——规定面积试样透过100mL空气所需时间，s；

t_0——空白试验所需时间，s；

10——透过空气的试样面积，cm^2。

如果试样的透气度很小，通过100mL空气的时间在15分钟以上，就把量筒内水位调到“0”位后，记下5～10分钟内透过空气的量，结果按下式计算：

$$K=\frac{3600}{10(\frac{t_1}{V}-\frac{t_0}{100})}=\frac{36000V}{100t_1-Vt_0} \tag{9-2}$$

式中：K——试样透气度，mL/（cm^2·h）；

t_1——规定面积（10cm^2）试样透过测定空气量空气所需时间，s；

t_0——空白试验所需时间，s；

V——规定面积试样透过的空气量，mL。

（二）冰刀鞋的透水汽性能

透水汽性是冰刀鞋材料渗透水汽的能力，即水蒸气的流动强度，即单位时间内，从一种介质通过冰刀鞋向另一种介质所传递的蒸汽量。水汽通过鞋材有两个途径，一是经分布在纤维之间的孔隙导出；二是由空气湿度较高的一面的鞋材先将水汽吸附，而后经纤维壁向湿度较低的面扩散、解吸，排出鞋外。脚汗应连续不断地经鞋材排出。

为了保证优良的耐菌性能，鞋材必须具备以下三个条件：①迅速吸收脚汗，这样鞋腔内湿度不会太高，人体感觉良好。②汗液能迅速透过鞋材，由材料内表面向外表面渗透的速度必须与材料内表面吸收的速度相同。③材料外表面挥发水分的速度应大于吸收的速度。

在夏季，冰刀鞋材料透水汽性能更为重要。如透水汽性能差，从鞋内排出水汽发生困难，那么在步行过程中，由于脚不断地与鞋垫摩擦，将形成高温小病灶，引起脚底过热，产生不舒适感。

透水汽性指标以将试样（面积为10cm^2）紧密盖于盛有水的小皿或小杯内，再把小杯放在盛有干燥剂的干燥器内，利用试样两边空气的湿度差，使水汽透过试样，再根据小杯在一定时间内（15分钟和24小时）所失去或增加的重量来表征。具体测定原理如下：

采用透水汽性试验皿，将试样紧密盖于盛有水的小皿或小杯内，再把小杯放在盛有干燥剂的干燥器内（或将小皿内盛有干燥剂，试样封闭于小皿上，再放入盛水的干燥器中）利用试样两边空气的湿度差，使水汽透过试样，再根据小杯在一定时间内所失去或增加的质量，来确定透过试样的水汽量。

因透过试样的试样面积正好为10cm^2，故皮革的透水汽性：

$$M = m_1 - m_2 \tag{9-3}$$

式中：M——皮革的透水汽性，mg/（10cm^2·24h）；

m_1——试样及皿未放入干燥器前的质量，mg；

m_2——试样及皿放入干燥器静置24小时后的质量，mg。

（三）冰刀鞋的吸湿性能

冰刀鞋及其所用材料吸收、渗入、保留水分的性能称为吸湿性。在较冷环境中，脚通过辐射、对流和汗液蒸发来保持体内外热平衡；当外界气温与脚表面温度相等甚至高于体表温度时，辐射和对流散热无法进行，此时唯一的散热途径就是蒸发汗液。在鞋的穿用过程中，由于人脚皮肤会不断散发热量，排出汗液，而使鞋腔内温度升高、湿度增大，吸湿性良好的皮革能迅速地吸收全部脚汗，然后在休息或干燥期间快速将水分排出，避免在脚部皮肤上的黏附，使鞋腔微气候环境干爽，从而减少细菌滋生，防止脚气发生。

另外，冰刀鞋材料的吸湿性会影响其许多性能发生变化，湿度增加会使材料的刚性下降，断裂伸长增加，导电性增大等。

冰刀鞋材料吸湿性用回潮率和含水率指标表示。回潮率是指材料的湿重减干重与干重的比率；含水率是指湿重减干重与湿重的比率，结果以鞋材试样在规定温度的定量水中浸泡15分钟和24小时后所吸收水的质量或体积所占鞋材试样质量的百分比来表征。具体测定原理如下：

采用库柏尔皿，测定鞋材试样在规定温度的定量水中浸泡15分钟和24小时后所吸收水的质量或体积所占鞋材试样质量的百分比。

$$A_{15} = \frac{V_1 - V_{01}}{m} \times 100\% \tag{9-4}$$

$$A_{24} = \frac{V_2 - V_{02}}{m} \times 100\% \tag{9-5}$$

式中：A_{15}——试样15分钟吸水性，%；

A_{24}——试样24小时吸水性，%；

V_1——15分钟水分损失量，mL；

V_2——24小时水分损失量，mL；

V_{01}——15分钟空白试验水分损失量，mL；

V_{02}——24小时空白试验水分损失量，mL；

m——试样质量，g。

（四）冰刀鞋的保温性

保暖性是冬季冰刀鞋不可缺少的重要性能，它是指冰刀鞋材料在有温差存在的情况下，防止高温方向低温方向传递热量的性能。保温性差的鞋子不能保证鞋腔内适合人脚生理需求的温度，从而导致脚冻裂、红肿等状况。鞋面革的保温性是影响成鞋保温性的主要因素之一，鞋面革的保温性高，则当鞋腔温度与外界温度存在很大差异时，鞋腔温度能保持不变以便能抵御外界环境影响，从而达到御寒护脚的目的。

冰刀鞋及其材料保温性的影响因素包括厚度、胶原纤维中夹持的空气状态和数量，皮革胶原纤维与纤维之间自身存在着一定量的空气，静止空气是良好的热绝缘材料。所含的空气越多，保温性越好。不同组织结构的皮革内所含的空气量不同，因此保温性也不同。

热量有多种传输方式，热传导是热量传输的方式之一，它是温度不同的物体直接相互接触而产生的。因此，冰刀鞋材料的保温性用导热系数表征，导热系数是反映材料的导热性能的重要参数之一，导热系数越大，保温性越小，反之，导热系数越小，保温性越大。常用指标保暖率、导热系数、克罗值、热阻、绝热指数、材料冷暖感等表征。使用纺织品保暖性能测试仪可测定冰刀鞋材料的保暖性能，得到指标保暖率。具体测定原理如下：

采用YG（B）606D型平板式织物保温性测定仪，在室温20±4℃，空气相对湿度为65%±2%的条件下通过仪器对不同鞋用材料进行保温传热性能的各项参数测定，来分析不同原材料以及不同原材料通过不同方式搭配而成的复合材料的热性能。织物保温性可用保温率、传热系数和克罗值等系数来表征。保温率是指无试样时的散热量和有试样的散热量之差与无试样时的散热量之比的百分率。保温率测定的原理是模拟人体温36℃以通断电的方式保持恒温，使试验板的热量只能通过试样散发，测定试验板在一定时间内保持恒温所需要的加热时间，来计算试样的保温率、传热系数和克罗值。在室温为21℃、相对湿度≤50%、空气流速不超过10cm/s条件下，一个人静坐不动其基础代谢为50kcal/（m^2·h），试穿者感觉并保持舒适状态时（体表温度为33℃）对衣服所需要的热阻，这个热阻单位（即所穿衣物的保温值）称为1克罗值（1*clo*=0.155℃·m^2/W）。传热系数是指稳态条件下，围护结构两侧空气温差为1K，1小时内通过1m^2面积传递的热量，数值上等于热流密度除以物体两表面的温度差。传热系数的倒数为传热阻R。

材料保温率：

$$Q=\frac{Q_1-Q_2}{Q_1}\times 100 \quad (9-6)$$

式中：Q_1——无试样散热量，W/℃；

Q_2——有试样散热量，W/℃。

传热系数：

$$U_2=\frac{U_{bp}\times U_1}{U_{bp}-U_1} \quad (9-7)$$

式中：U_{bp}——无试样时试验板传热系数，W/（m^2·℃）;

U_1——有试样时试验板传热系数，W/（m^2·℃）。

克罗值：

$$clo=\frac{1}{0.155\times U_2} \quad (9-8)$$

二、冰刀鞋卫生性能（耐菌性）的表征

耐菌性是反映冰刀鞋材料卫生性能的最主要指标，冰刀鞋材料的耐菌性是指冰刀鞋材料对于细菌、真菌等鞋腔内常见的微生物的耐受和抵抗性能，它是通过微生物在冰刀鞋材料上的存活、繁殖、生长、扩散能力来反映的。

从卫生学的角度来说，冰刀鞋材料的耐菌性越高，能够在鞋腔内能够存活的微生物数量越少，冰刀鞋内的微气候环境就越不利于大肠杆菌、金黄色葡萄球菌、白色念珠菌等对人体健康和冰刀鞋材料本身有危害的细菌和真菌生存，也就越有利于保持鞋腔内的卫生和舒适；反之，若是冰刀鞋材料的耐菌性低，则鞋腔

内就会滋生大量对人体和皮革等材料有害的细菌和真菌，大大地降低了鞋腔内的卫生性能，也会加快皮革、纺织材料等冰刀鞋材料的损耗。

目前国内外对冰刀鞋材料耐菌性测定相关的方法有QBT 2881—2007《鞋类衬里和内垫材料抗菌技术条件》中提到的菌液吸收法、膜接触法；HGT 3663—2000《胶鞋抗菌性能的实验方法》中提到的琼脂平板法，国际化组织标准ISO 20743：2007《抗菌整理纺织品的抗菌性能测定》中提到的琼脂平板法、凝集素吸收分离法等。

综合参考这些实验方法，根据课题需求在QBT 2881—2007中提到的菌液吸收法的基础上进行了改进：由于实验材料分为纺织材料和非纺织材料，因此对于材料的灭菌也分别采用了高压蒸汽灭菌和紫外灭菌两种方法，同时细菌计数借鉴了GB/T 4789.2—2003《食品卫生微生物学检验菌落总数测定》中提到的细菌菌落计数方法，真菌计数借鉴了GB 4789.15—2010《食品微生物学检验霉菌和酵母计数》中提到的霉菌和酵母菌菌落计数方法。实验测定的微生物菌种种类为：大肠杆菌（ATCC 8099或ATCC 25922），金黄色葡萄球菌（ATCC 6538），白色念珠菌（ARCC 10231），红色毛癣菌（ATCC 28188），黑曲霉（ATCC 16404）。

菌液吸收法测定耐菌性的具体原理是：将需要测定的材料与空白样品一同制为同样大小的样品，吸取一定量的待检测菌种的菌液，将待测菌液分别接入所有样品中，在相同条件下进行培养，培养结束后通过洗脱震荡进行活菌计数。将培养前的活菌数量同空白样品的活菌数量进行比较，得到活菌在冰刀鞋材料上的染菌率，即对比空白样品的菌生长率，菌生长率越高，冰刀鞋材料的耐菌性越低。

冰刀鞋材料耐菌性定量测定的具体方法如下：

（1）将白色棉布用浓度为15～20g/L的NaOH在100℃条件下煮炼3小时，随后通过浓度为3～4g/L的过氧化氢漂白，最后用GB/T 8629—2001中的洗涤方法洗涤，制成空白对照样品。

（2）将空白样品待测冰刀鞋材料一同剪制成为直径为48mm的圆形样品待用。

（3）将实验材料进行灭菌：纺织材料采用高压蒸汽灭菌，使用高压蒸汽灭菌锅在121℃灭菌20分钟；非纺织材料采用紫外灭菌，即将材料医用酒精消毒后使用紫外灯照射20分钟的方法进行灭菌。

（4）将大肠杆菌（ATCC 8099或ATCC 25922），金黄色葡萄球菌（ATCC

6538）分别接种于营养琼脂培养基之上，在（37±1）℃下培养24小时；白色念珠菌（ARCC 10231），红色毛癣菌（ATCC 28188），黑曲霉（ATCC 16404）分别接种于营养琼脂培养基之上，在（28±1）℃下培养24小时后，在5～10℃下保藏，作为斜面保藏菌种。

（5）每次测定前，将保存好的菌种转接到平板营养琼脂培养基上培养24小时，每天转接一次，不超过两周，试验时应采用连续转接2次后的新鲜菌种培养物（24小时内培养物）。

（6）用4mm接种环从培养基上取少量的新鲜菌种，加入接种液中；采用显微镜观察法估计细菌数目；通过梯度稀释并选择菌液浓度为（2.5～10.0）×10^5cfu/mL的稀释液作为试验用菌液。

（7）将样品分别放于灭菌的培养皿中，使用微量移液器准确移取1.0mL菌液均匀接种到样品上。将这些样品在无菌状态下转移到广口瓶中，盖紧瓶盖以防蒸发。

（8）将空白对照样品和接种后的待测样品一同放入恒温培养箱中，细菌样品在28℃下培养24小时。

（9）在空白样品和待测样品中加入0.85%NaCl洗脱液进行洗脱，震荡洗脱1分钟后，进行活菌计数。

冰刀鞋材料耐菌性的计算方法如下式：

$$R=\frac{A-B}{A}\times 100 \tag{9-9}$$

式中：R——耐菌性，%；

A——培养前活菌数的平均值；

B——经过24小时培养的样品的活菌数的平均数。

本项目的研究表明：若鞋腔内微气候的温度为24～33℃，湿度为60%～73%，脚的皮肤温度为28～33℃时，人脚最为舒适；若温度过高则脚部开始出汗，过低则感觉凉冷；湿度若低于40%则使脚燥热，若高于73%鞋腔内又会产生潮湿感。卫生性能良好的冰刀鞋能长时间地保持鞋腔内干爽的微气候，使脚部皮肤自由呼吸，保证脚的健康；反之，卫生性能差的冰刀鞋不易及时排出脚分泌的汗液，在鞋内形成潮湿的环境，易滋生霉菌，产生霉臭气而患脚气病，而且脚部皮肤长期缺氧，会减弱体内的抵抗力，慢性病菌容易侵入体内，导致支气管炎和感冒、关节炎等其他方面的疾病的产生，给滑冰运动员的职业生涯和日常生活带来诸多不便，因此冰刀鞋的卫生性能不容忽视。

第三节 冰刀鞋热湿性能和卫生性能的影响因素

一、冰刀鞋穿着过程中的热湿传递机理

（一）冰刀鞋穿着过程中的热传递

存在于鞋腔中的脚的热量有干热和湿热两种形式：在脚无感出汗时的热量称为干热，又称为显热；脚有感出汗时的热量称为湿热，又称为潜热。

传热，就是由温差引起的能量转移（传递）。只要在一种介质内部或是在两种介质之间存在温差，就会有传热发生。当脚表面与环境气候间存在温度梯度时（一般脚体表面温度高于外界），脚的部分热量可由脚与鞋腔之间的微气候环境先传给鞋腔，然后在鞋腔的内外表面形成温度差，再靠温度差推动将热量传递给外部环境。由于冰刀鞋材料是多孔性纤维，纤维内部与纤维间的孔隙中充满着空气，所以由脚皮肤到冰刀鞋外表之间通过冰刀鞋的热传递过程十分复杂。

干热（显热）的传递有三种方式：冰刀鞋材料纤维本身的导热、冰刀鞋外表面与鞋腔内的空气对流以及冰刀鞋表面与周围环境间的热辐射。

热传导是热量从物体的高温部分向同一物体的低温部分的传递，或者从一个高温物体向另一个与其接触的低温物体的传递。

辐射散热是一种非接触式传热方式，不需要任何物质做媒介，以电磁波的形式传递热量。脚和鞋不但在吸收从太阳或周围其他物体辐射的热量，同时也在向周围环境辐射热量。辐射散热取决于脚的表面温度、黑度和穿鞋状态下的有效辐射面积，温度越高、黑度越大、有效辐射面积越大，则辐射程度也越大。

对流传热是当一个物体表面和一种运动流体处于不同温度时，在流体中发生的由传导和流体整体运动的联合作用而引起的能量传输。在脚皮肤表面和冰刀鞋外层表面，对流的传热模式由两种机理组成：一是由于水蒸气分子的随机运动（扩散）造成的能量传输，即由流体中的浮升力引起的自然对流，浮升力是由伴随着流体中温度变化而产生的密度变化所形成的；二是由于流体（边界层内水蒸气）的成团运动或者说是宏观运动传输能量所引起的强制对流，这种流体运动在任何情况下都伴随着大量分子的整体运动，因此存在温度梯度时，将引起传热。又由于处于整体运动中的分子还保留着随机运动，因此，总的传热是分子随机运动和流体成团运动进行能量传输的叠加。对流传热一般被传输的是显热，但因其常伴随着水蒸气的液态、气态的运输和相变，所以也有一些潜热传递，即热湿耦合传递。

通常情况下，显热传递是这三种方式的综合，即一部分热通过皮革纤维来传递，另一部分通过鞋腔微环境及鞋帮、鞋底中所含空气的微弱对流进行传递，还有一部分通过纤维与纤维间的表面辐射进行传递。由于皮革纤维属多孔介质，其内部含有大量相互连通的孔隙，因此对流散热具有重要的地位；又由于皮革纤维之间的缝隙孔洞较小，所以对流和辐射的散热要小于热传导对散热做的贡献；但据研究，人在处于安静状态下时，辐射散热所占比例较大，可达60%左右。

总之，显热通过冰刀鞋的传递过程是一个瞬态变化的动态过程。从脚皮肤开始，热量首先通过鞋与皮肤间空气层中的空气、固体纤维及纤维间的空气进行导热；同时，由于温度梯度的存在，在外层鞋表面将通过对流与辐射的方式与周围环境进行热量交换，并最终达到动态平衡。显热的传递模式如图9-2所示。

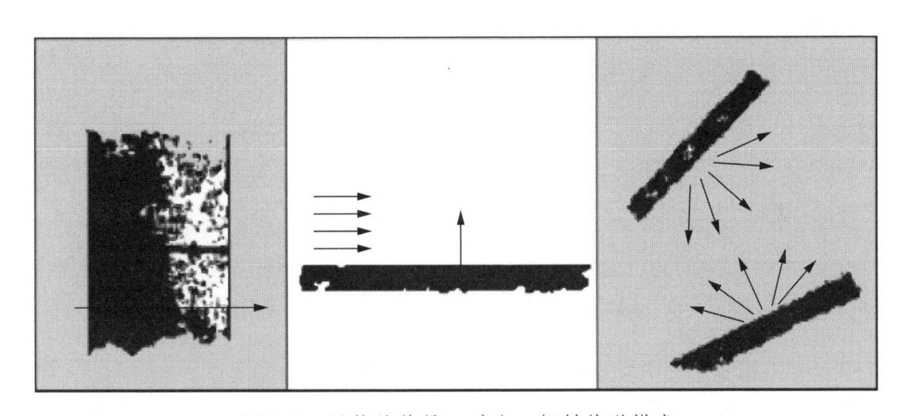

图9-2 显热的传导、对流、辐射传递模式

当脚出汗时，冰刀鞋热传递还包括由于汗水蒸发、透湿、扩散所造成的湿热（潜热）传递，即热湿耦合传递。

（二）冰刀鞋穿着过程中的湿传递

人体所产生的水分在皮肤表面的散失可分两种情况：不显性蒸发和显性蒸发。不显性蒸发，又称非显性蒸发、无感出汗、非显汗或潜汗，指在代谢水平低下时，汗液在汗腺孔内或汗腺孔附近形成水汽并通过皮肤表面的蒸发。特征是整

个皮肤表面上看不到汗液，主要以气态形式（汗气）存在，皮肤上不呈润湿状态。如脚的后跟和脚背处都存在着不同程度的非显性蒸发。

显性蒸发，又称有感出汗、显汗。在高代谢水平时，当外界温度等于或超过皮肤温度或者人体进行激烈活动时，引起体热蓄积，体温升高。当温度超过体温调节区间时，神经中枢受到刺激，汗腺开始排放水分，以液态方式渗透到体外，遍及皮肤表面，汗液分布在皮肤表面上，即为出汗。汗主要以液态形式（汗液）存在，汗液与汗气也可能同时存在。

冰刀鞋中的湿传递由皮肤表面的最内层气候区内开始，经过各层材料和材料之间的空气层，最终到达外界环境。冰刀鞋作为皮肤与外界环境之间的介质，水分在其中的传递主要是通过纤维之间的孔隙及纤维本身进行的。温度梯度和水蒸气压力梯度是其主要驱动力。

脚无感出汗和有感出汗的传导通道并不完全相同。无感出汗时，通过冰刀鞋的湿传导初始状态是水汽，即气态水；有感出汗时，通过冰刀鞋的湿传导的初始状态是液态水，即汗液和汗气同时存在，微气候区湿度较高。所以，通过冰刀鞋的湿传递主要有气态湿传递和液态湿传递两种形式。其湿传递机理如下：

（1）透气机理。当脚表面无感出汗时，汗液在汗腺孔附近甚至在汗腺孔内就蒸发成水汽。水汽的传递有两种途径，一是汗气经微气候区和纤维内部缝隙孔洞扩散运移到外界空间。它是在水蒸气分压梯度作用下实现的，受纤维对水蒸气吸附和解吸能力的影响；二是气态水在冰刀鞋内表面纤维中孔洞和纤维表面凝结成液态水，靠皮革纤维的润湿和芯吸作用，经纤维内孔洞或纤维间孔隙毛细运输到冰刀鞋外表面，再重新蒸发成水蒸气扩散运移到外空间环境中去。汗气的传递模式如图9-3所示。

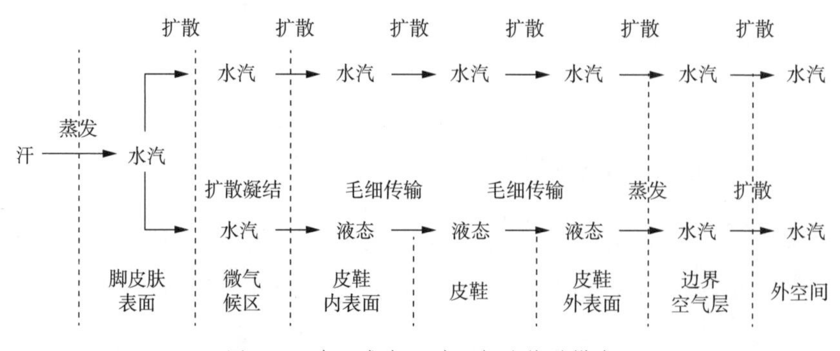

图9-3 脚无感出汗时汗气的传递模式

（2）透水机理。当脚皮肤有感出汗时，液态水经鞋传导至外界空间的湿通道大约有五种主要类型。第一类是汗液在微气候区中蒸发成水汽，气态水在水蒸气分压梯度作用下经纤维间缝隙孔洞扩散运移到外界空间。第二类是汗液在微气候区蒸发成水汽后，气态水在冰刀鞋内表面纤维中空洞和纤维表面凝结成液态水，经纤维内孔洞或纤维间孔隙毛细运输到冰刀鞋外表面，再重新蒸发成水蒸气扩散运移到外空间。第三类是当鞋被汗水浸湿时，发生润湿和芯吸现象，汗液通过直接接触以液态水形式进入冰刀鞋内表面，在通过纤维间缝隙孔洞因毛细作用运输到冰刀鞋外表面，再蒸发成水汽，扩散运移到外空间，这种自由水的移动是在毛细压力和大气压力梯度作用下完成的。第四类是运动时，由于鞋内空气层的对流作用，使湿度高的鞋内空气与周围湿度较低的环境空气进行直接交换。第五类是从事激烈运动和强烈出汗时，因水压作用，强迫水通过皮革内孔隙运输到皮革的外表面。汗液的传递模式如图9-4所示。

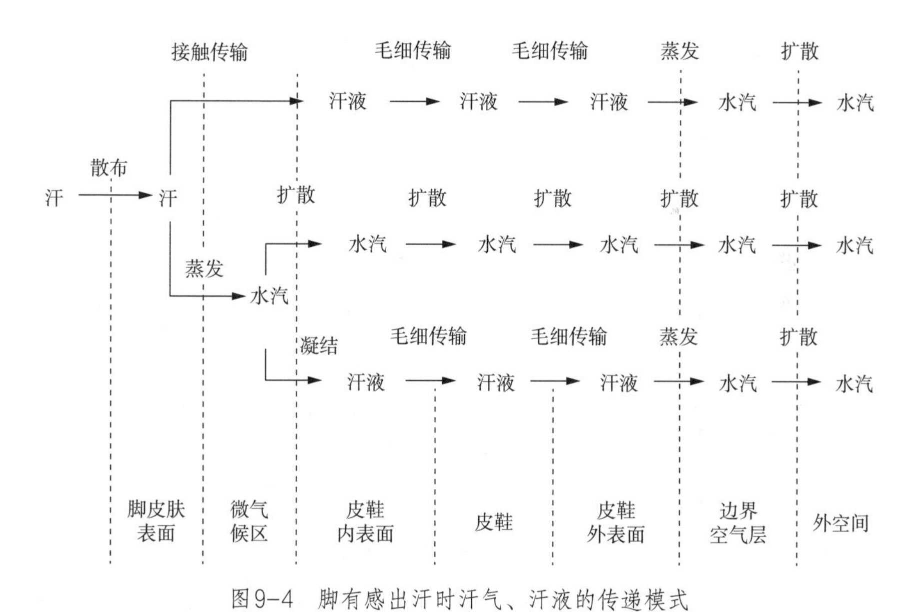

图9-4 脚有感出汗时汗气、汗液的传递模式

有感出汗时，汗气也可能与汗液同时存在，汗气也将以扩散或在皮革中凝结成液态水的形式传输到皮革外表面，蒸发后扩散到外界环境中去。

总之，冰刀鞋内部湿度（汗汽和汗液）的传输包括：鞋腔内部水蒸气的扩散、液态水的蒸发；水蒸气在冰刀鞋内表面和毛细管中的吸附和凝结；水蒸气在鞋材内的输送；液态水在皮革纤维中的润湿、吸收、毛细输送以及水分在冰刀鞋

外表面和毛细孔中的蒸发。

总的来说，脚出汗是一个从无感蒸发到大面积有感出汗的渐进过程。在整个过程中，从湿润皮肤蒸发扩散的水汽质流通量也是从一个很小的值开始，在热应力作用下它继续增高直至表面蒸发通量保持不变，即达到皮肤表面湿平衡。在实际穿鞋过程中，皮肤表面的汗水开始蒸发，蒸发的水汽扩散并聚集在鞋与脚之间的微气候中，使微气候的水汽浓度升高，由于浓度差的驱动力作用，水汽继续扩散至鞋内表面，其中一部分直接扩散到冰刀鞋中的空气中，而另一部分则凝结在冰刀鞋中的纤维表面上，被鞋吸收并渗透扩散到鞋外表面，通过再次蒸发扩散到外界环境中。随着脚表面汗液的不断蒸发，微气候中的水汽浓度也将饱和，导致鞋内表面凝结水的增加，使鞋逐渐润湿，直到鞋没有更多湿气或凝结汗水可以吸收，此时，脚—微小气候—鞋之间的湿传递就达平衡。而鞋与外界环境之间的湿平衡始终是个动态平衡。

（三）冰刀鞋穿着过程中的热湿耦合传递

（1）相变传热。处于舒适状态下的脚所产生的热量大部分是以显热的形式通过冰刀鞋向环境散发的。当脚处于高温环境或做剧烈运动时，代谢产热量显著增加，而传导、辐射和对流等散热量相对于产热量来说往往变化不大，在这种情况下，出现了热量蓄积，导致体温升高，当它达到正常体温的临界值时，脚就会通过自身的生理反映：出汗——汗液蒸发散热来维持脚的热平衡。所以，当有汗液蒸发时，脚散热包括显热和潜热两个部分，显热是指由脚与环境之间的温度差引起的热能交换，潜热是由水和蒸汽相变导致的能量交换，即相变传热。汗液蒸发散热是脚在热环境中散热的一个主要途径，据研究，在热环境或运动条件下，它占脚总散热量的75%以上。

相变传热的耦合机理为：当水汽通过冰刀鞋时，由于纤维对水蒸气的吸湿作用，会有一部分水汽被纤维吸收，这部分水汽从气态变到液态，相变潜热生成，即释放出吸收热。而温度升高也将会改变皮革纤维以温度为驱动力的显热传递，且由于水的导热能力比空气和皮革纤维都要大（是空气的20多倍），汗液被皮革纤维吸收后，使得纤维的导热率增大。同时，随着鞋腔温度的升高，冰刀鞋内的水蒸气分压力以及冰刀鞋内湿量的传递过程在不断增大，纤维的回潮能力增强，冰刀鞋中的饱和水蒸气压力也在升高；另外，温度的升高也加剧了分子运动，扩散能力也在增强，由于这两种因素的综合作用，使得皮革纤维的传湿能力增强。反过来，皮革纤维的传湿越多，通过纤维吸收水分而放出的吸收热也就越多。这样，在两者相互促进下，纤维的温度就会升高得较快，冰刀鞋中水汽的凝结（或蒸发）会释放（或吸收）热量，这又将改变冰刀鞋中的温度分布，影响到冰刀鞋的热传递过程。

所以，在实际穿着过程中，热传递和湿传递并不是相互孤立的，而是相互影响、同时发生的。冰刀鞋的温度场和湿度场都在随着热湿传递的进行发生着变化，尤其在出汗情况下冰刀鞋热湿传递更是耦合的。将热湿传递综合起来考虑，即考虑热湿传递更符合实际穿着条件。热湿传递是一种质量携带能量的传递过程，即由水蒸气的传递而带走汽化热的物理化学过程。热湿耦合传递机理如图9-5所示。

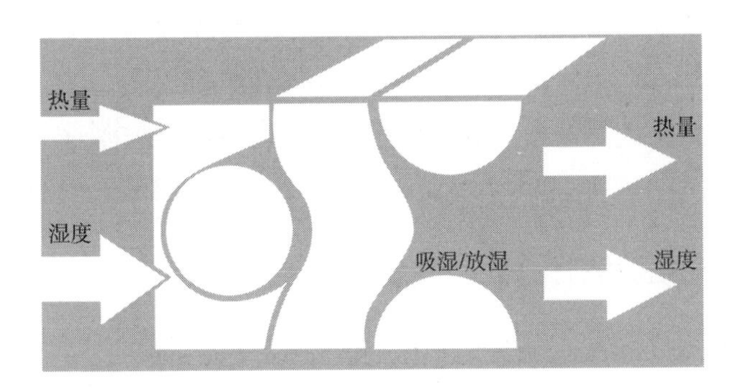

图9-5 热湿耦合传递模型

（2）对流传热传湿。由于对流是靠水蒸气分子的随机运动和流体（边界层内水蒸气）的成团运动或者说是宏观运动传输能量所引起的，所以，对流传热的过程中常伴随着水蒸气的液态和气态的运输和相变，使得对流传热过程中伴随传湿，并有一些潜热传递。但由于鞋材内部的缝隙孔洞较小，故对流传热传质现象较少出现。

二、冰刀鞋热湿性能的影响因素

穿着状态下冰刀鞋鞋腔内微气候环境（即冰刀鞋穿着热湿性能）的影响因素主要有：穿着者的新陈代谢情况和性别、年龄；运动状态和运动时间；外部环境

的温度、湿度、风速、阳光照射、大气压力；制鞋所用的面料、里料及按照不同方式搭配后的帮套的传热保温性能、透气性、透水汽性、吸湿性；成品鞋的款式结构种类等。其中穿着状态下鞋子的热湿传递机理和材料性能是主要影响因素。

能影响冰刀鞋成鞋鞋腔温湿度的材料性能有透气性、透水汽性、吸湿性和保暖性。

（一）鞋材的透气性

透气性是鞋材重要的舒适性指标，它是指当材料两侧存在一定的压力差时，材料透过空气的能力，它的作用在于排出鞋内积蓄的二氧化碳和水分等，使新鲜空气透过。根据透气的大小，鞋材可分为易透气、难透气和不透气三种。影响透气性的主要因素是鞋材的孔率。

人体皮肤不显汗蒸发的水分及代谢产生的二氧化碳等气体需要与空气进行交换并及时排出，从卫生学角度要求，鞋面革的透气性良好，成鞋鞋腔与外界环境的空气交流快，则热量和汗液能很好地排除，保持鞋腔内的卫生和舒适；反之，鞋面革透气性差，鞋腔内热量会积聚，捂脚出汗，降低它的舒适性。

（二）鞋材的透水汽性

透水汽性是材料渗透水汽的能力，即水蒸气的流动强度，其物理意义就是单位时间内，从一种空气介质通过皮革向另一种介质所传递的蒸汽量。水汽通过材料有两个途径，一是经分布在纤维之间的孔隙导出，二是由空气湿度较高的一面的鞋用材料先将水汽吸附，而后经纤维壁向湿度较低的面扩散、解吸，排出鞋外。脚汗（主要是水）应连续不断地从鞋内排除，以防止将袜类浸湿，并能经鞋帮材料及内底排除。材料的透水汽性主要取决于皮革的孔率，还取决于湿空气和试样表面之间水分传递的条件和性质。

透水汽性可用一定湿度（或蒸汽压）差下，单位时间内穿过单位面积鞋材的水分量表示。一般情况下，脚皮肤表面的湿度比外界空气高，所以脚皮肤表面的水分穿过鞋帮扩散到外界空气中，如果扩散不充分，就产生不舒服的感觉。

为了保证优良的卫生性能，鞋用材料必须具备以下三个条件：

（1）迅速吸收脚汗，这样鞋内相对空间湿度不会提高很多，人的自身感觉良好。

（2）汗液能迅速透过材料，由材料内表面向外表面渗透的速度必须与材料内表面吸收的速度相同。

（3）材料外表面挥发水分的速度应大于吸收的速度。

环境温度低时鞋用材料从鞋内排除水汽的能力比环境温度高时要大一些，而且排汗本身的降温作用远小于汗液挥发的降温作用，因此在夏季透水汽性更为重要。如透水汽性差，从鞋内排除水汽发生困难，那么在步行过程中，由于脚不断地与鞋垫摩擦，将形成高温小病灶，引起脚底过热，产生不舒适感。

冰刀鞋在穿着条件下，其内外空间的温差比较大，并随着外部介质温度降低而变大，其透水汽性也随之提高，此外，周围介质的相对湿度，对材料的透水汽性也有影响，随着介质的相对湿度增大，材料的透水汽性降低，当鞋内相对湿度大于88%时，人们就有潮湿出汗的感觉。

（三）鞋材的吸湿性

鞋材放置在空气中吸收、渗入、保留水分的性能称为吸湿性，它主要取决于鞋材的孔率。鞋材的吸湿性会影响其许多性能发生变化，湿度增加会使材料的刚性下降、断裂伸长增加、导电性增大等，最重要的是影响穿着的舒适感，因此有必要测试其吸湿性。鞋材吸湿性通常用回潮率和含水率指标表示。回潮率是指材料的湿重减干重之差与干重的比率；含水率是指湿重减干重之差与湿重的比率。可用烘箱法和电阻测湿仪分别得到回潮率与含水率。

吸湿性是评价鞋的热湿舒适性的重要方面。在较冷环境中，人体通过辐射、对流和汗液蒸发来保持体内外热平衡，鞋的保温性能是维持人脚热平衡的主要因素。而在热环境中，当外界气温与人体表面温度相等，甚至高于体表温度时辐射和对流散热无法进行，或者从环境中通过辐射和对流散热，此时人体唯一的散热途径就是蒸发汗液。正常情况下，人在静止时无感出汗量约为15g/（m^2·h），在热环境中或剧烈运动时出汗量可超过100g/（m^2·h）。因此，鞋的吸湿性是在热环境中维持人体热平衡的重要因素。

在鞋的穿用过程中，由于人脚皮肤会不断散发热量，排出汗液，而使鞋腔内温度升高，湿度增大，吸湿性良好的皮革能迅速地吸收全部脚汗，然后在休息或干燥期间快速将水分排除，避免在脚部皮肤上的黏附，使鞋腔微气候环境干爽，防止脚气发生。

（四）鞋材的保暖性

保暖性是冬季服装不可缺少的重要性能，它是指织物在有温差存在的情况下，防止高温方向低温方向传递热量的性能，常用保暖率、导热系数、克罗值、热阻、绝热指数、织物冷暖感等指标表示。鞋材保暖主要是织物内部含有的静止空气起作用，因为静止空气是最好的热绝缘体，导热系数很小，而纤维的种类对织物的保暖性影响不大，越厚的织物隔绝空气效果越好，因此影响鞋材保暖的关键因素是织物厚度，使用纺织品保暖性能测试仪可测定服装材料的保暖性能，得到保暖率。

在冬季，鞋的防寒保暖作用尤为重要，保暖性差的鞋子不能保证鞋腔内适合人脚生理需求的温度，从而导致脚冻裂、红肿等状况。鞋面革的保暖性是影响成鞋保暖性的主要因素之一，鞋面革的保暖性高，则当鞋腔温度与外界温度存在很大差异时，鞋腔温度能保持不变以便能抵御外界环境影响达到御寒护脚的目的。

三、冰刀鞋鞋腔中常见的微生物及其危害

（一）鞋腔中常见的微生物

冰刀鞋鞋腔中常见的有害微生物分为细菌和真菌两大类，其中大肠杆菌、金黄色葡萄球菌等是常见的致病细菌，而红色毛癣菌、白色念珠菌等是常见的致病真菌，酵母菌和霉菌则是常见的导致冰刀鞋材料化学性能发生改变的真菌。

（1）常见的细菌。细菌是一种原核微生物，它往往形状呈细短状，结构简单，多以二分裂的方式进行繁殖。细菌是自然界中分布最广、个体数量最多的有机体，可以在十分广泛的环境范围内下生长和繁殖，它的繁殖速度极快，一旦滋生就会迅速地进行新陈代谢，不断地进行个体繁殖。细菌通过冰刀鞋材料侵入人体表皮之后，就会迅速地繁殖，不断扩散，释放毒素，导致产生多种疾病。在冰刀鞋材料中，常见的代表细菌有以下两种：

①大肠杆菌：又叫“大肠埃希菌”，是分布极为广泛的一种细菌，它属于革兰氏阴性短杆菌，大小约为0.5×（1~3）μm，是一种单细胞生物。大肠杆菌的结构简单，繁殖迅速，是一种常见的指征性细菌，大肠杆菌的菌群含量常作为检

测食物、饮用水以及各种材料中的卫生学标准。在冰刀鞋材料的微生物含量检测中，大肠杆菌可作为革兰氏阴性菌的代表菌种。

大肠杆菌在人体内主要分布在大肠中，大多数情况下对人体无害，但是在一定条件下大肠杆菌会导致肠道外的感染，释放毒素，诱发疾病，如腹泻、腹膜炎、膀胱炎等，是一种常见的致病细菌。

②金黄色葡萄球菌：是球菌属的一种革兰氏阳性代表菌种，它也是一种极为常见的人体致病细菌代表，它可以导致人体产生各种感染性疾病，如腹泻、上呼吸道感染等。据美国疾病控制中心的报告指出，在所有的感染性疾病中，由金黄色葡萄球菌所引起的疾病数量仅次于大肠杆菌，位于第二位。金黄色葡萄球菌在自然界中的分布极为广泛，在空气、水、灰尘中均可存在，因此金黄色葡萄球菌极易在冰刀鞋材料中滋生繁殖，是冰刀鞋材料上常见的代表性革兰氏阳性细菌。

（2）常见的真菌。真菌是一种真核微生物，同细菌不同，真菌是典型的异养生物，它们可以分解和利用有机物作为自己的营养，通过新陈代谢来达到生长和繁殖的目的。真菌种类极多，在冰刀鞋材料中常见的真菌有致病性的真菌，如红色毛癣菌等；也有导致冰刀鞋材料发霉变质的霉菌类，如黑曲霉等。

①红色毛癣菌：是毛癣菌属的致病真菌，它也是皮肤感染性疾病最常见的致病真菌，研究表明6成以上的体表皮肤癣病都同红色毛癣菌有关。它常常分布在较为温暖湿润的环境中，在人体中在最宜在足部成活繁殖。在冰刀鞋材料所滋生的微生物中，红色毛癣菌是皮肤致病真菌的典型代表。

②黑曲霉：是隶属于曲霉属的一种常见真菌，也是一种常见的霉菌，它的菌丝颜色通常为黑色、棕色、褐色等。黑曲霉在世界范围内广泛分布，常诱导植物产生各种曲霉病和茎腐病。对于冰刀鞋材料来说，黑曲霉是最常见的导致材料霉变的真菌之一，在温度为37℃左右，相对湿度为88%左右的环境中，黑曲霉会迅速生长繁殖，导致材料霉变，因此黑曲霉是冰刀鞋材料中霉菌型真菌的典型代表。

③白色念珠菌：是一种假丝酵母真菌，它适宜在pH 5.5左右的湿润环境中生长。白色念珠菌是人体皮肤黏膜中常见的条件致病性真菌，它对药物的敏感性具有真菌的特性而不同于细菌，可作为真菌中致病酵母菌的典型代表。

（二）常见微生物的危害

鞋腔内是最容易滋生各种有害微生物的部位之一，细菌、真菌等微生物一旦在鞋腔内产生，就会迅速地生长、繁殖，并通过鞋子这个媒介入侵到人体皮肤之上，进而对人体健康造成危害。

美国国立卫生研究院、美国国家人类基因组研究所和美国国家癌症研究所对存在于人体皮肤之上的微生物进行了较为详细的研究，研究表明，在人体的皮肤表面存在有11.2万种微生物，其中大多数是对人体皮肤无害的皮肤正常菌群，也有一小部分是对人体有害的致病微生物，常见的有大肠杆菌、金黄色葡萄球菌等细菌和真菌，通常情况下，这些对人体有害的细菌和真菌并不会在人体皮肤上长期繁殖，只是短期存在，因此这部分微生物也被叫做是暂居菌群。研究同时表明，足部是人体内微生物聚集度较高的部位，若是鞋腔内的卫生性能较差，鞋腔内的有害细菌、真菌等微生物就会在人体皮肤上生长、繁殖，对皮肤上原有的皮肤正常菌群造成危害，破坏了皮肤上本身的菌群平衡，进而危害人体的健康，诱发各种病症，常见的足部疾病，如足癣等都是由于足部有害细菌的过量繁殖而导致的；此外一些人群患有脚臭症状也是由于足部微生物大量增殖，细菌大量分解皮肤中角质蛋白，产生短链脂肪酸，再与汗液中的尿素、乳酸等混合，从而产生臭味，若是冰刀鞋材料的耐菌性较差，则会加重脚臭、足癣等足部症状。

此外，冰刀鞋材料上的微生物也会对制鞋常用材料，如皮革材料、纺织材料等造成一定的危害，其中对皮革材料的危害性最大。皮革中含有各类微生物生长所需要的营养物质，如胶原蛋白质、脂肪、无机盐、矿物质和酪素等，因此在适宜的条件下，微生物就会利用这些营养物质大量繁殖，这些细菌、霉菌等微生物在对皮革中的营养成分进行分解代谢的同时，会生产出大量的代谢产物，这些代谢产物侵入皮革就会影响皮革质量，如某些酵母菌的代谢产物中含有色素，这些色素一旦沉积就会造成皮革材料变色，产生色斑；而一些霉菌的代谢产物则会侵蚀皮革纤维，造成皮革表面脆裂，不但影响外观，而且导致其物理机械性能降低、强度减弱。最后，细菌、霉菌等微生物的堆积也会加速皮革材料的霉变，形成霉斑，大量的微生物菌体在皮革材料表面堆积也会影响堵塞皮革中的纤维间隙，影响皮革的质量。

同样，微生物大量繁殖也会影响棉布等纺织材料的质量，造成材料的霉变、变色等变质现象。例如，在条件适宜的情况下，一些真菌会使用纺织材料中的蛋白纤维作为营养材料，进行分解代谢，导致其机械性能降低，使用寿命减少。

（三）微生物危害的成因

造成鞋腔内微生物大量滋生的原因分为内因和外因两类，内因是由冰刀鞋材料本身的特性所决定的，而外因则是由冰刀鞋材料的储存、运输以及鞋腔内的微环境等外部环境因素所决定的。

在制鞋过程中所用到的冰刀鞋材料主要有皮革和纺织材料等，这些材料都是微生物良好的营养成分来源。从生物学的角度来说，微生物的生长和繁殖需要六大类营养元素：水、碳源、氮源、无机盐、生长因子和能源，皮革材料为天然高分子化合物加工产品，其中所含的蛋白质、碳水化合物、脂肪等为微生物的生长提供了良好的氮源、碳源和能源；皮革的多孔性结构又导致其吸水性较好，含水量较高，满足了微生物生长对水分的需求；而皮革加工过程中又会添加大量的无机盐、矿物质等营养成分，更利于微生物的生长和繁殖。冰刀鞋材料中的微生物来源主要有两大类，一类是由于鞋腔内的微环境利于微生物生长，产生了细菌和真菌等微生物；另一类是因为空气中存在大量的微生物，这些微生物一旦侵入冰刀鞋材料，就会利用其丰富的营养大量繁殖，例如，霉菌中的孢子在空气中四处飘荡，一旦落在冰刀鞋材料之上，就会在此处扎根繁殖。

从外因来说，微生物在较为温热、潮湿的环境下生长较为迅速，通常来说，微生物适宜的生长环境是：温度在25～45℃，湿度>65%，pH位于5.0～7.5，偏弱酸性的环境。冰刀鞋材料尤其是皮革材料在浸酸、鞣制等制革加工过程中处于酸性，含水量较高，满足了微生物迅速生长繁殖对酸碱度和湿度的要求，十分适宜细菌、真菌的生长。此外，冰刀鞋制成之后，长期同人体足部相接触，而足底则是人体内小汗腺分布较多的部位，平均来说每平方厘米人体足部皮肤包含625个汗腺，这些汗腺分泌部位于足部真皮深层或皮下组织内，是一个个弯曲的小管，这些小管的管壁由一层单层矮柱状细胞围成，小管经真皮向表皮蜿蜒上行，穿越表皮，开口于皮肤表面的汗孔。人体内小汗腺的主要功能是分泌汗液，汗液经过汗腺导管从体内排泄到皮肤表面，导致皮肤表面湿润度增加，同时，随着汗液人体还会排出大量的水分子和一部分的离子，以及少量的含有氮元素的

代谢产物，用于调节人体内的温度和水盐平衡，因此汗液的酸碱度往往在5.5左右，呈现弱酸性。这些汗液进入鞋腔内之后，就会导致鞋腔内形成湿润的鞋腔内微环境，这个微环境同时满足了微生物对于温度、湿度以及酸碱度的要求，十分适宜微生物的生长，同时汗液中所分泌的矿物质离子和含氮代谢产物也进一步满足了微生物生长的营养需求，为细菌和真菌等有害微生物的生长创造了一个富营养环境，有研究表明，微生物在鞋腔内富营养环境中会达到每10分钟繁殖一倍的繁殖速度。

四、冰刀鞋卫生性能的影响因素

成鞋穿用舒适与否，与它形成的鞋内小气候有很大关系。鞋帮材料中的天然粒面皮革、棉纺织品等具有极佳的耐菌性能，因材料透气性、透水汽性、吸湿性较好，就有了不闷脚、不捂脚的前提条件。现阶段，我国研制的各种合成革、人造革在耐菌性能方面远不及天然皮革，所以在设计时，根据款式、穿用条件及环境选择适宜的材料，来提高鞋的穿用舒适性。重修饰面革、二层革虽然属于真皮鞋材，但其表面覆盖了涂饰物，天然皮革的毛孔被堵塞，所以其透气、透水汽的性能大打折扣。鞋帮纺织材料要注意选用透气、吸湿、轻便、柔软、杀菌、防臭等具有良好耐菌性能和舒适性的材料。鞋面优良的材料要与里料、内底、内包头、黏合剂等材料相配合使用，才能发挥其优越的性能。现在国内不少企业多采用经涂饰后的鞋里皮，弊端较多：一方面，鞋的透气性、透水汽性能降低，脚汗无法排出，天热或穿着久了易产生滑腻感，舒适性较差，从而使真皮鞋与人造革鞋一样卫生性能较差；另一方面，涂饰中所用的树脂等化工材料，与足部皮肤接触时间过长会对脚产生不良影响。为防止鞋里皮掉色，部分有远见的厂家大量使用不染色或浅色革来替代经过涂饰的鞋里皮。在国外，消费者大都崇尚不涂饰或轻涂饰的皮革材料，特别是最能体现真皮制品优越性能的磨砂革。质量好的鞋用内底材料应吸湿、透气，具有较好的尺寸稳定性、抗屈挠性等，才能满足使用要求，也将给脚一个舒适的底部环境。

第十章

冰刀鞋的保养和维护

冰刀鞋的保养与维护是一项很专业的工作，它需要专业的人员来进行操作，尤其是在一些高端冰刀鞋的维护上更是如此。随着冰刀鞋制造技术的发展，冰刀的维护技术要求也朝着更加专业化的方向发展，新型的冰刀鞋对于维护者的专业水平提出了更高的要求。冰刀鞋维护朝着职业化方向发展是一个大的趋势，对于减少运动伤害和提高冰刀鞋的使用寿命都很重要。

第一节 冰刀鞋的选择、冰刀的安装和安全滑冰

一、冰刀鞋的选择

冰上运动包括三个项目，即速度滑冰、冰球和花样滑冰。其中速度滑冰又分为短道速滑和大道速滑，大道速滑的正式比赛名称叫作“速度滑冰”。它与短道速滑用鞋差别较大。无论是速滑、花滑还是球滑，所用冰鞋都要根据项目特点来认真挑选，其维护保养方法也不相同。

（一）速度滑冰鞋

速度滑冰冰鞋又称克莱普（KLAP）冰刀鞋。该鞋的冰刀很长，刀刃窄而平，冰刀蹬冰面积大，冰刀与冰面摩擦力小，便于又快又直地向前滑行。鞋与冰刀的固定点只有前端一个，后端固定点是可以脱离刀桥的（图10–1）。短道速滑冰刀的前后两端与鞋身是固定的，不可活动（图10–2）。此外，短道速滑的鞋腰矮，便于蹲着和弯着腰滑行，减少空气的阻力。如果经济条件允许的话，运动员也可以根据自己的特点选择定制，这样对自身的成绩发挥和防损伤性保护会更好。

图10–1 克莱普冰刀鞋

图10–2 短道速滑冰刀鞋

（二）冰球鞋

冰球鞋的冰刀较高、较短，刀刃较窄，身体容易倾斜，但穿这种冰鞋拐弯灵便；同时，刀的后牛部很平，不容易向后仰。这种鞋的鞋头很硬，鞋腰较高，皮面很厚，鞋里面有藤条保护脚部，防止被冰球打伤（图10–3）。

图10–3 专业冰球鞋

（三）花样滑冰鞋

花样滑冰冰鞋的冰刀短、弧度大，刀刃宽，前面有几个便于跳跃和旋转的刀齿。鞋腰高，能把脚踝兜住，这对身体斜着滑内刃和外刃会方便些，而且也便于跳跃时用力，落冰时保护脚踝不受伤。花样滑冰鞋的刀刃弧度比较大，这是为了做高难度动作而设计的。它的刀刃长度也较短，冰刀前端还设计有刀齿，便于制动刹车、急停等技术需求[1]（图10–4）。

图10–4 花样滑冰鞋

在开始学滑冰的时候，最好先用花样滑冰鞋来练习。因为速度滑冰鞋鞋腰矮，兜不住脚踝，而初学滑冰的人一般是脚腕无力，容易向两边摆动，影响向前滑行，而且这种鞋的冰刀太长，容易摔倒。冰球鞋冰刀太高，刀刃比较窄，不容易站稳。花样滑冰鞋没有这些问题，鞋腰高，冰刀矮，刀刃宽，滑行稳，又容易拐弯，但它的特点是冰刀弧度较大，初次在冰上站立时，容易前俯后仰。等到找好重心之后，身体就自然稳定了。

选择冰鞋时要注意合脚，穿着比脚大的冰鞋滑，脚就站不稳，容易两边摇晃，这样不但会影响向前滑行，也容易扭伤脚踝。穿着比脚小的冰鞋，会妨碍脚部血液循环，滑行一段时间脚踝会发酸，而且容易冻脚。少年及儿童购买的冰鞋可以稍大一些（可多穿一双厚袜子），以备来年再用，但过大也不相宜。

练习滑冰时，最好固定穿着同一双冰鞋，不要这次穿这双鞋，下次又换另一双。因为穿一双新冰鞋，要一小时以后才能适应，等适应以后身体也会疲惫，所以常换冰鞋会影响技术的提高。

二、冰刀的安装方法

（1）在花样滑冰鞋及冰球鞋上安装冰刀时，刀尖应在大拇趾与二拇趾中间，冰刀的后部应在脚跟的正中间。

（2）短道速滑的冰鞋的左脚冰刀，刀尖应安在大拇趾与二拇趾中间，而右脚的刀尖却应安在大拇趾的下面，以便右脚在弯道滑行时向内倾斜蹬冰。大道速滑的冰刀均通过大拇趾的中心，后面经过脚后跟重心[2]（图10-5）。

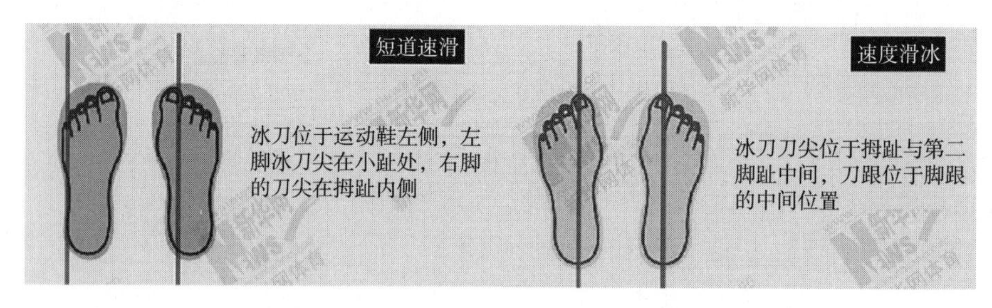

图10-5 冰刀安装位置（图片来源：新华网）

（3）一般安装冰刀时，前托应在脚前掌下，后托应在脚后跟下。冰刀要与鞋底适合，过大或过小均不相宜。

（4）花样冰刀的前刀尖应比冰鞋前端长1.5cm左右，尾尖比鞋后跟长2cm左右。冰球刀的前端比鞋的前端长2cm左右，尾尖比鞋后跟长3cm左右。速滑冰刀前尖比鞋长8～9cm，后尖长5～6cm。

（5）安冰刀时，最好用铜螺丝钉，以防生锈。如果只有铁钉，需要涂蜡后再拧入冰鞋底内。

（6）在新冰鞋上安新冰刀时，前托每边可空一两个钉子，后托每边上下相错各空一个钉子，等滑行数次，鞋底和冰刀踏实之后，再将钉子补齐，并在钉眼及刀托周围涂蜡，防止冰屑融化将皮鞋损坏。

三、滑冰的安全措施

（1）滑冰应尽量选择专业的场馆，在专业场馆中会有专业的清冰师和救护人员，对于滑冰者的安全有保障。花样滑冰和冰球可以在普通的冰场内练习。如果是速滑则必须要到专业的冰场进行。

（2）滑冰时应佩戴专业的防护用具，如头盔、护膝、护肘等。如果在户外冰场还应注意防止冻伤。

（3）滑冰是一项速度很快的运动，脚上又带有锋利的冰刀，冰场上人通常很多，所以必须时刻注意不要彼此相撞，以防受伤。应严格遵守冰场规则，按逆时针方向由右向左拐弯滑行，不要在冰场上追逐打闹或破坏冰面。

（4）在野外滑冰时注意冰场有无裂缝、泥雪、碎纸、木屑等，如不留神滑过这些地方，突然受到阻力，极易摔倒。因此不要往冰面上乱扔杂物，以保持冰面整洁。

（5）天然冰场（河流湖泊等），在初结冰时，不要急于上冰，防止冰面塌陷掉进冰窟窿里，等冰层冻到10cm左右的厚度才能使用。冰将融化时，颜色发白，有上下的直纹，这说明冰已经开始融化，这时应该停止使用。在结冰初期或者冰将融化时，不要很多人聚集在一起。听到冰裂的声音，应急速向四方分散。

（6）万一不慎掉进冰窟窿，千万不要慌张，只能在原处踩水，不要游泳，以免找不着原来窟窿。此时别人可速用梯子、竹竿或较长的绳索搭救，如果这些东西临时无法找到，可用围巾、衣服等连接起来，扔到水中搭救。

第二节　冰刀鞋的维护和冰刀的磨法

一、冰刀鞋的维护

（1）每次滑完冰以后，必须立刻将冰刀和冰鞋擦净，防止生锈或冰水进入鞋底与刀托之间。因为冰水进入钉子眼内，皮革会潮湿，会变松软，再穿时，钉子就容易脱落。保护冰鞋的整洁很重要，如果钉子脱落，就应及时补上稍粗些的钉子，或塞入硬的碎皮再把钉子拧入。

（2）冰鞋若不慎浸湿，要放在通风的地方晾干，不要曝晒，更不要用火烤，因皮革晒硬或烤硬失去柔韧性和弹性后会不耐用。

（3）扣眼脱落或者不光滑，容易磨断鞋带，要注意维护。鞋带不要用皮革材料，皮带既伤扣眼又勒脚面，而且不易系紧。

（4）应特别注意保护冰刀，除不乱磕乱碰以防磕断碰弯冰刀以外，并应注意不要穿着冰鞋在水泥地、砖地或带石子的土地上行走。在上、下冰场的木板通道上，应注意不要踩在钉子上，防止碰伤刀刃。最好用旧胶皮管或旧篮球皮等制作刀套，保护冰刀。冰上有土时，最好不滑，因为冰上虽有一层薄土，滑起来它也会像细砂轮一样，很快地把刀刃磨圆。

（5）穿过的冰鞋应擦保革油，冰刀应涂机油或凡士林油，包好存放在干燥地方，夏季再检查一两次，防止发霉生锈。

二、冰刀的磨法

冰刀用久刀刃磨圆了，蹬冰时会打滑，压不进冰。所以冰刀应保持锐利，磨得锋利，内外刃都要有刀锋。由于冰刀不同，磨的方法也不一样。

（1）一般常见的是电砂轮磨法，俗称电磨冰刀。这种磨法的优点是在几分钟之内就能把冰刀磨好，不误使用；但缺点是对冰刀损耗很大，容易退钢或使钢质变软，刀刃表面不平（有横纹），滑行时发涩，影响滑行速度。所以电磨以后，最好再用油石磨一遍。

（2）速滑冰刀和冰球刀的磨刀方法相同，用木架或铁架均可。磨刀时，将冰刀安装在刀架上（图10-6），注意使两刀左右平行，前后对齐，两刀刃不能一高一低或一正一歪，一定要在一个平面上。然后用粗油石在冰刀前端、中端、后端横磨几下，观察刀刃上磨的痕迹是否一样。如果发现一边冰刀磨的痕迹在外刃，一边冰刀磨的痕迹在内刃，这说明两只冰刀没有摆平，必须进行调整。如果所磨的痕迹都一样的话，就可在刀上用画“8”字和圆圈的办法来磨，绝对不能直着磨，不然会影响油石的平度和刀刃的锋利程度[3]。用粗油石磨后再用细油石磨光刀刃上的横纹，直到把整个刀刃两侧都磨得很锋利才行。然后用细油石将刀刃两侧的毛刺轻轻磨去，并在刀的两侧擦上油，就可以使用了。

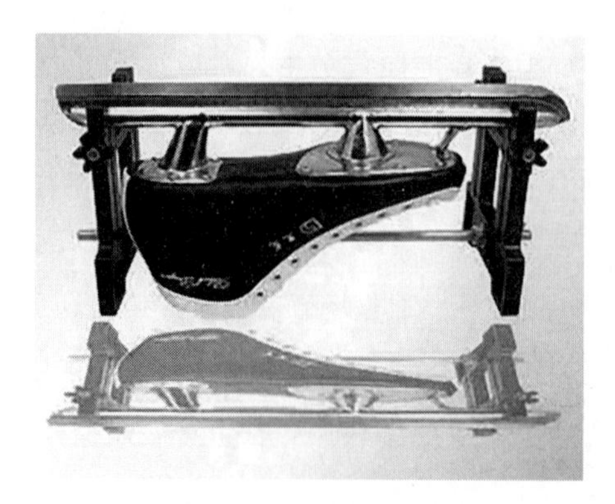

图10-6 冰刀磨刀架

（3）花样冰刀的磨法是用手拿油石

棍磨刀（图10-7、图10-8）。可以准备粗细两种油石棍，粗的磨沟或刃，细的磨光，使冰刀锐利。油石棍的直径大小为1cm左右即可，过大就磨得沟浅，过小就磨得沟深（沟的深度最好是两刃宽度的三分之一）。磨的时候，可在冰刀沟内滴些煤油或稀机油，用油石棍顺着冰刀沟前后直着磨，不要只磨刀刃中间滑圆的部分，两端要同时磨才能保持原来的弧度。刀刃磨好以后，两边的毛刺也要磨去。如前面的刀齿不尖，可用小三角锉把齿锉尖。

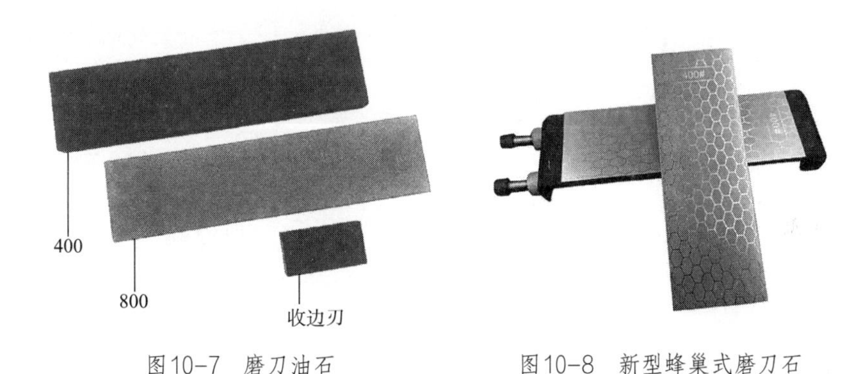

图10-7 磨刀油石　　图10-8 新型蜂巢式磨刀石

参考文献

[1] 张艳静. 冰刀上的“乾坤”[J]. 农村青少年科学探究,2018.

[2] 刘晋,张森,刘贵宝. 短臂铰链与钢片软桥的屈趾型速滑冰刀连接装置[J]. 冰雪运动,2015(3):6.

[3] 希德·布罗得本特,张三璋. 磨冰刀的技术理论与方法[J]. 冰雪运动,1983(6):9.